陪 伴 女 性 终 身 成 长

爱上茶

日本翔泳社 著

游凝 译

江苏凤凰文艺出版社
JIANGSU PHOENIX LITERATURE AND
ART PUBLISHING

编者记

　　我们的生活由形形色色的事物构成。我们的每一个选择，都可能会让每一天的生活愈发丰盈。

　　"快读慢活"的"慢活美食家"系列，选取真正有价值的内容,献给想让生活别具一格的你。本书的主题是"茶"，书中以图文结合的形式详细介绍了有关茶的基础知识和各种实用的搭配小创意，旨在让我们的选择过程充满乐趣。

　　茶是受到全世界人民喜爱的最日常的饮品。茶的种类包括红茶、绿茶、青茶、花草茶等。在这本书中，除了茶叶本身，还将向大家介绍选茶、泡茶等享受茶时光的方法。

　　这是一本满载巧思的书，启发读者跳出陈规，用独特的眼光去发现生活中的美好点滴。

目录

PART 1
我钟爱的茶时光

PART 2

掌握这些小知识，让茶变得更好喝

PART 3
每日必喝茶饮清单

PART 1

我钟爱的茶时光

茶受到全世界人民的喜爱。
我们该选择什么样的茶、
度过怎样的茶时光呢?
在本章中，您将足不出户了解世界茶文化，
并学会轻松制作各种特色茶饮。

"莎莫瓦"与俄罗斯红茶

在浓郁的红茶中兑入热水，享用俄罗斯红茶

  在俄罗斯，喝茶时必不可少的是名叫"莎莫瓦（Samovar）"的俄式茶炊。俄罗斯人会冲泡浓郁的红茶，当地人称之为"扎瓦尔卡（zavarka）"。冲泡之后把红茶倒进茶壶，放在"莎莫瓦"里保温。

  喝茶的时候，人们将茶壶里的浓茶倒进杯中，再兑入茶炊中适量的热水，调整至自己喜爱的浓度来饮用。有时也会放入柠檬、果酱、蜂蜜或者白砂糖等来增添风味。其中，加了果酱的红茶叫"俄罗斯红茶"。

"莎莫瓦"中温存的暖暖时光

茶叶传入俄国（现俄罗斯）是在17世纪前期，蒙古人将茶作为贡品进献给了当时的沙皇。17世纪后期，随着俄国与清朝之间邦交的建立，茶叶贸易正式开始。

到了19世纪后期，中国的红茶出口到俄国，茶逐渐变成了当地居民的日常饮品。之后，到第一次世界大战爆发前夕，俄国的茶叶进口量位居世界第二，仅次于英国。

在饮茶文化传入俄国并逐渐进入千家万户的过程中，当地人喝茶的方式也发生了变化。起初，俄国人喝茶的方式与中国无异，后来才有了俄式茶炊"莎莫瓦"，并发展出了一套独特的饮茶风俗。

虽然现在的俄罗斯人平时已经不再用茶炊了，但"莎莫瓦"至今仍是俄罗斯的一个文化象征。

🫖 美国的味道——冰红茶

起源于美国的冰红茶

人们是从什么时候开始喝冰红茶的呢？

大部分人可能想不到，冰红茶始于美国。1904年，在美国圣路易斯举行的世界博览会上，一位来自英国的红茶茶商为了推销自家的红茶茶叶，在红茶中兑入冰块，做成了清凉的冰红茶，获得了相当高的人气。一般认为这便是冰红茶的起源。

顺带一提，据说柠檬茶也起源于美国。柠檬种植户们把柠檬加到冰镇红茶中，喝的时候甚感清爽美味，由此发现了这种新喝法。

在美国南部大受欢迎的甜茶

如今，最爱喝冰红茶的也是美国人。美国佛罗里达州和加利福尼亚州栽培的柠檬之所以销量猛增，冰红茶的消费功不可没。在美国南部，添加了大量白砂糖的冰红茶——"甜茶（Sweet tea）"现在仍人气不减。

过去，茶叶和白砂糖价格昂贵，口味香甜的甜茶便是那个时代留下来的产物。当时，上流阶层把加糖的茶当作身份地位的象征。到了殖民地开拓时期，甜茶逐渐普及到千家万户。

在炎热的日子里，啜饮一口饱含着柠檬清香和白砂糖甜蜜的冰红茶，想必格外爽口惬意吧！

摩洛哥薄荷茶

绿茶加薄荷，甘甜好滋味

在位于非洲西北部的摩洛哥，那里的人们有用绿茶佐餐的习惯。但不是纯绿茶，而是和薄荷一起冲泡，还另外放了白砂糖，这种甘甜口味的绿茶便是摩洛哥薄荷茶。

据说从19世纪60年代起，摩洛哥薄荷茶便开始成为摩洛哥、突尼斯、阿尔及利亚、马格里布等地的日常饮品。薄荷独有的清爽口感和清新香气是其一大特色。

款待客人时，摩洛哥人也会端出薄荷茶来。喝茶用的茶具是被称作"伯拉德（Berrad）"的银制茶壶和表面描绘着金色花纹、颇有异国风情的玻璃杯"基桑（Kisan）"。

薄荷清爽的香气

　　摩洛哥薄荷茶中添加的是新鲜薄荷叶。人们在煮得很浓的绿茶中放入大量的鲜薄荷叶，再添加白砂糖饮用，白砂糖当然也是多多益善。最后的关键一步，是从50厘米高的地方将茶水倒入玻璃杯中。这样一来，茶水中就会含有很多气泡，口感丰富细腻。

　　在摩洛哥，有一句"三杯茶饮人生"的古谚语："第一杯，犹如生活般苦涩；第二杯，犹如爱情般浓郁；第三杯，犹如死亡般轻柔。"

🥤 印度奶茶

什么是印度奶茶

一听到"chai"这个词,想必很多人脑海里浮现出的都是加了香料的印度奶茶吧。

其实,"chai"这个词就是"茶"的意思。在世界上的部分国家和地区,人们把茶称为"chai"。这些国家和地区的茶叶都来自中国,当时主要通过陆路进行运输。茶叶传入之后,各地产生了形式各异的饮茶文化。

其中具有代表性的莫过于印度奶茶。印度奶茶指的就是经久熬煮的奶茶。

在日本东京的吉祥寺[①],有一家叫作"chai break"的奶茶专卖店。我们前往拜访店长水野学先生时,他为我们讲述了印度奶茶的前世今生。

注: ①位于日本东京都武藏野寺,是以吉祥寺车站为中心的一片商业区。——译者注(如无特殊说明,本书中的脚注均为译者注。)

　　"chai break"店内的样子。架子上摆放着一排排形态各异的印度白瓷茶杯。

　　这是在普通店内难得一见的光景。在这里，你还能买到种类丰富的红茶茶叶、制作印度奶茶的工具，以及香料茶中添加的香料等。

香料和印度奶茶

在印度，每家每户都有自己独特的奶茶配方。和我们的固有印象有所不同，印度茶并不都放香料，在久煮的浓茶中加入白砂糖是最常见的做法。

虽然印度人会在奶茶中添加香料，但大多也只会添加一种香料，例如番红花或小豆蔻等。这些添加了香料的奶茶会成为店里的招牌奶茶。

位于日本吉祥寺的奶茶专卖店"chai break"所售的香料茶里放有肉桂、小豆蔻、丁香、肉豆蔻、生姜和黑胡椒。如果自己在家制作，只需根据个人喜好，添加自己喜爱的香料即可。

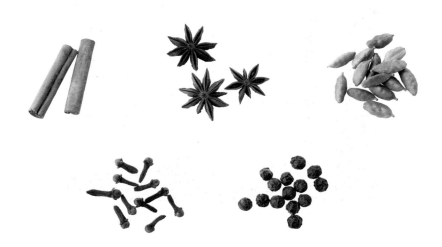

用日常的红茶冲泡出好喝的印度奶茶

要想冲泡出好喝的印度奶茶，关键在于煮出红茶的味道。我们很容易认为只要充分加入牛奶，就能泡出醇厚美味的印度奶茶，其实不然。除了添加牛奶之外，先用水冲泡出红茶的精华才是最重要的。

实际上，印度奶茶的冲泡方法很简单。正因如此，印度人才能将之作为日常饮品经常饮用。

"chai break"也正是看中了这一点。店长希望客人们不仅能优雅地品尝红茶，也能以亲民的价格享用到更加日常的饮品，所以才供应印度奶茶。

如何泡出美味的印度奶茶

1

在锅中放入90ml水和1大勺（约8g）茶叶，大火煮开（能冲泡1大杯印度奶茶）。

2

水开后转小火煮约1分钟。

3

加入180ml牛奶，大火熬煮。

4

水开的时候及时关火。

5

在平底玻璃杯或茶杯中加入两小勺白砂糖。

6

将步骤4中煮好的奶茶用滤茶器过滤后倒入放了糖的杯子中。美味的印度奶茶就做好了。

香料茶的做法

1

在锅中放入90ml水和1小勺香料粉，大火煮开。

2

水开后转小火，煮约1分钟。在这一步加入茶叶，其他步骤与冲泡印度奶茶相同。

圣诞红茶

冬季专属的特色茶饮，连包装都这么可爱

在圣诞节前后，以英国为首的广大欧洲地区的人们便开始享用圣诞红茶。

圣诞红茶由肉桂、丁香、肉豆蔻、陈皮等香料混合而成。红茶茶商在售卖这些拼配茶时，还不忘为它们设计颇具圣诞气息的包装。

我们也可以自己在红茶中加入香料和果干，在家轻松调制圣诞红茶。添加的香料中，肉桂、丁香和肉豆蔻这三种香料有着特殊的意义。它们分别象征着基督降生时，东方三圣贤赠予他的乳香、没药和黄金三种宝物。

酥油茶

加入盐特制而成，游牧民族的专属茶饮

在中国西藏和不丹王国等亚洲地区，人们对一种叫作"酥油茶"的饮品情有独钟。酥油茶是由冲泡好的浓茶与牦牛奶混合，加入黄油和盐，并用名为"甲罗"的木棍搅打而成。将搅拌均匀的酥油茶装进茶壶中，再倒入茶杯饮用。成品浓厚且略带咸味。

受草原干燥恶劣气候的影响，居住在高原地区的人其体内的水分、热量和盐分更容易被消耗。为了补充能量，也为了让身体暖和起来，当地人便养成了喝酥油茶的习惯。可以说，酥油茶是游牧民族生活中不可或缺的一部分。

深受香港人喜爱的咖啡红茶

　　"鸳鸯奶茶"是将红茶和咖啡混合制成的一种饮品。在中国香港，人们会在鸳鸯奶茶中加入大量的白砂糖和无糖淡奶饮用。这里有许多坐拥几十年历史的港式茶餐厅。在那些餐厅里，鸳鸯奶茶也是菜单中必定会出现的基本款。

　　近来，有不少港式茶餐厅在日本开业，日本居民不用去中国香港也能享用到美味的鸳鸯奶茶了。

　　鸳鸯奶茶有好几种做法。有人先分别泡好红茶和咖啡，再将两者加以混合；也有人从一开始就将红茶茶叶和咖啡粉混合在一起冲泡。

🫖 港式奶茶

如同皇家奶茶一般香浓醇厚的口感

接下来，我们要介绍另一款港式茶饮——港式奶茶。港式奶茶是在浓红茶中加入无糖炼乳冲泡而成的。它既有红茶的香浓，又不失奶茶的醇厚。糖可以根据自己的喜好自行添加，也可以一开始便让店家加好。我们在很多地方都能买到港式奶茶，如上文中提到的港式茶餐厅等。

据说在英国殖民时期，喝奶茶的习惯传到了香港。但由于当地没有牧场，缺乏新鲜奶源，用炼乳作为替代品的方法便普及开来。

土耳其和红茶

全世界最爱喝红茶的国家

　　说到红茶，恐怕大家都会以为最喜欢喝红茶的是英国人和印度人吧？其实不然，世界上红茶消费量最大的国家是土耳其。

　　当地居民将红茶称为"Cay"。他们不仅在吃饭的时候喝茶佐餐，很多人平时也端着红茶杯随时随地享用美味的红茶。

　　在土耳其，人们冲泡红茶用的是一对叠在一起的茶壶套装，叫作"子母壶（Caydanlik）"。下面的母壶用来烧水，上面的子壶用来泡茶。因为两个壶叠在一起，还能为上方子壶里的红茶起到保温的作用。饮用时将泡好的浓茶倒进小玻璃杯里，再将母壶中的开水倒入玻璃杯中，兑出浓度适宜的红茶。土耳其人饮茶没有加牛奶的习惯，而是会放入大量的白砂糖。

土耳其气候宜人，有利于茶树栽培

在土耳其，不仅当地人钟爱饮用红茶，茶叶生产也如火如茶地进行着。目前土耳其的茶叶产量高居世界第五位，有望赶超斯里兰卡。

位于土耳其东北部的里泽是茶叶的主产地，茶园分布于黑海沿岸的斜坡上。山脉和黑海之间的地区气温较高，全年雨水充沛。这样的气候为茶叶栽培提供了得天独厚的条件。

土耳其政府对进口茶叶加征的高额关税，也为国产茶叶维持较高的市场占有率提供了保障。

马来西亚拉茶

马来西亚的特色奶茶

像拿铁咖啡一样，马来西亚奶茶泡沫细腻丰富——这就是马来西亚人所喜爱的"拉茶（Tea Tarik）"。

马来西亚人用细碎的红茶茶叶泡出浓郁的茶汤，在添加炼乳的基础上又添加了白砂糖。然后准备两个杯子，不断把奶茶从一个杯子倒进另一个杯子里，反复混合，做出来的就是拉茶。

用两个杯子交互倒茶的动作是为了将茶进行"拉抻"，因而马来西亚人用马来语中表示"拉"的"Tarik"一词为拉茶起了名。

醇厚香甜的拉茶最适合在马来西亚炎热的气候中饮用。

越南莲花茶

越南的传统茶饮

莲花茶，顾名思义，就是用莲花制成的茶饮。用莲花、莲叶或者莲芯制作的茶都可以称为莲花茶，本节主要介绍的是用莲花制作的茶。

在越南，自古以来人们都喜爱享用吸收了莲花香气的绿茶。莲花茶也是越南有名的特产手信之一，莲花高雅的清香是其一大特色。

要想制成清香扑鼻的莲花茶，每一克茶叶就需要使用一朵花的雄蕊来熏制。因为雄蕊数量稀少，据说过去只有越南的王公贵族才能享用到莲花茶。如今，不添加人工香料的莲花茶依然被视作奢侈品。

☕ 工艺花茶

透过透明玻璃茶具欣赏茶叶绽放之美

　　工艺花茶是备受中国人喜爱的一种茶。饮用工艺花茶时不仅能享用茶的滋味，同时也能欣赏茶叶绽放的过程。

　　将热水注入装有浑圆茶球的杯中，茶叶会缓缓绽开，露出里面鲜艳的花朵，美妙绝伦。有些种类的工艺花茶绽放需要的时间较长，等待的过程也是一种享受。冲泡工艺花茶时，记得要用耐高温的透明玻璃杯或茶壶。

　　工艺花茶由茉莉花茶、绿茶或红茶为基底制作而成。本书中主要介绍以绿茶为基底的工艺花茶。制茶师们在基底茶叶上搭配各种可以饮用的花卉，并用丝线捆扎成不同的形状。

工艺花茶好看、好喝，还有益健康，是三全其美的好茶

　　工艺花茶最早出现于20世纪80年代的中国安徽省，最初提出这一设想的是一位名叫汪芳生的制茶师。现在，安徽省和福建省都出产工艺花茶。

　　汪芳生被誉为"工艺花茶之父"，他为工艺花茶取名"康艺名茶"。这个名字中蕴含了汪老对工艺花茶"看着好看，喝着好喝，还有益健康"的美好期望。

　　饮用工艺花茶的时候，把茶球放进茶壶或茶杯中，注入热水并静置2~3分钟。待茶叶绽放，内饰花出现时就可以喝了。添加热水，大约可以喝三泡。

　　工艺花茶喝完后，把茶球移入水中，还可以当装饰用的水中花。如果每天勤换水，"花期"可达一周。

灯塔茶

以绿茶为茶座，配以千日红和茉莉花制成的工艺花茶。这款茶的看点在于如同灯塔一般鲜红的千日红。

万事如意

以绿茶为茶座，搭配菊花制成。"万事如意"一名蕴含了"所有事情都顺心如意"的美好寓意。金黄色的菊花娇艳欲滴，不仅可以自己享用，也是赠礼佳品。

母爱

一款以绿茶为茶座，泡开后能看到大朵粉色康乃馨绽放的工艺花茶。那似有若无的淡淡花香是其独到之处。

甜蜜的回忆

绿茶茶座，鲜红的千日红与洁白的茉莉花上下交叠，呈塔楼状。是一款精致可爱的工艺花茶。

花篮

这款工艺花茶阵容十分豪华，以绿茶为茶座，搭配以菊花、千日红、玫瑰和金盏花。"花篮"的创作灵感来自装满鲜花的花篮，茶艺师还细心地为花篮加上了把手。

维纳斯

泡开后，能看到一大朵牡丹在绿茶的茶叶之间翩翩起舞。茶叶和花朵一齐绽放时的美艳绝伦是这款工艺花茶最吸引人的地方。

🍵 英式下午茶

植根于英国人生活的饮茶文化

英国的饮茶文化最知名的就是英式下午茶（Afternoon Tea）。19世纪中期，英国人一天只有早午两餐。为了填饱晚饭前就已经"咕咕"叫的肚子，人们养成了喝下午茶的习惯。这一习惯最初产生于上流阶层的贵妇群体，后来逐渐普及，男女老少都开始喝起了下午茶。

刚开始的时候，人们只是在下午四点左右喝点红茶，吃一些小点心。现在，每逢下午两点到五点这一时间段，在世界各地的咖啡馆和酒店里都能享用到美味的下午茶。

除了下午茶之外，在英国，还有各种名目繁多的茶点时间。如在一日之始喝的早茶（Early Morning Tea），以及在上午的休息时间喝的上午茶（Elevenses）等。

植根于瑞典人生活的饮茶文化

近年来，"菲卡（Fika）"这种说法逐渐变得家喻户晓。在瑞典，"菲卡"一词用于指代喝着咖啡或茶饮等放松休闲的时光，也可以说是"瑞典式茶歇"。

"菲卡"这个单词既是一个动词，也是一个名词，它深深植根于瑞典人的生活中。菲卡最初来源于瑞典语中表示咖啡的"kaffe"一词，但现在，喝茶或喝柠檬水也可以叫作菲卡。按照瑞典的习俗，喝咖啡、茶饮时还会佐以烤制的甜点心。其中，肉桂卷是最出名的点心。

喝茶的时光就是交流的时光

菲卡可不单单是指喝咖啡或喝茶，放松一下这么简单。

在"菲卡"的时候，瑞典人会和家人、好友、恋人或者同事一起，享用美味的咖啡或茶，惬意地消磨时光。可以说，"菲卡"为人们的交流提供了一个途径。在瑞典，人们一天之内可能会"菲卡"好几次。

"菲卡"可以是和同事们的一场轻松的谈天说地；也可以是和意气相投的人进行的愉悦交流；还可以是享受天伦之乐和畅叙友情的时光。

备上一壶好茶、一盘点心，向亲爱的人问一句："不菲卡一下吗？"这是一件多么愉快的事情啊！

🍵 韩国传统茶

从绿茶到茶外茶

在韩国，茶外茶备受追捧。茶外茶指的是用红枣、肉桂、生姜以及五味子等中草药和水果制成的茶饮。其中，最广为人知的是用柚子、白砂糖和蜂蜜熬煮而成的柚子茶。这也是韩国的传统茶。

9世纪前期，茶树的栽培技术传到韩国，饮茶之风随着佛教的兴盛蓬勃发展起来。朝鲜王朝[①]统治时期，随着儒教的兴起，饮用绿茶的风俗逐渐式微，茶外茶则取而代之，逐渐普及开来。

在动荡的历史时期，是韩国的僧侣和学者们将茶叶栽培的技术细致地记录并传承了下来。直到20世纪60年代，茶叶栽培才再度在韩国得到推广。

注：①又称李氏朝鲜（1392~1910 年），是朝鲜半岛历史上最后一个统一王朝。

日本"振茶"

冲绳特色泡沫茶

"冲绳特色泡沫茶"又叫"卟咕卟咕茶"，它发源于日本冲绳，是"振茶"的一种，自古以来备受当地人的喜爱。

"振茶"指的是用茶筅打出丰富的泡沫，再加入其他配料混合饮用的茶。振茶有很多种，除了冲绳的"卟咕卟咕茶"之外，新潟县和富山县的"吧嗒吧嗒茶"，以及岛根县出云地区的"啵得啵得茶"也都属于振茶。

冲绳特色泡沫茶的制作过程是先将炒过的米进行熬煮，再和香片茶（茉莉花茶的一种）或番茶①放进木质的大钵中，用茶筅打出细腻的泡沫。最后把泡沫盖到盛着茶和红豆饭的碗中，泡沫茶就做好了。

"卟咕卟咕茶"的特色在于用茶筅在木钵中搅打产生泡沫这一步骤。如果有机会去冲绳，请一定要试一试当地的特色泡沫茶！

注：①日本茶的一种，用除茶芽之外的叶片制成，色深味浓。

能品尝到红茶原滋原味的单品茶

自20世纪起逐渐普及的"单一庄园（single estate）"观念，后来逐渐演变成"单一产区（single origin）"这一固定说法。

单品茶指的就是产地明确，且不进行拼配、不另行调味的红茶[①]。这种红茶保留了茶叶天然的色香味。由于茶叶品种、栽培环境以及采摘、处理工艺的不同，单品茶种类繁多，香气和滋味也都各有千秋。世界上没有两杯味道完全一样的单品茶。相对而言，出品较为稳定的拼配茶（blend tea）目前仍占据主流，但单品茶也渐渐开始崭露头角。

注：①引自川崎武志、中野地清香、水野学合著的《品味红茶的 89 个学问》。——编者注

购买单品茶时要注意什么

正如在前文中提到的，拼配茶口味出品较为稳定，我们对这类茶的味道也会有比较明确的概念。

而与拼配茶相反，即使是同一名制茶师制作的单品茶，风味也会有所差别。因此，我推荐大家在购买单品茶之前，先去茶叶专卖店试茶。如果买茶时刚好提供试茶服务，请一定不要错过。

此外，茶叶包装上标注的内容也不能忽视。包装上通常会标明茶叶的产地、生产商、采摘时间和品种等信息，这些信息也可能成为我们寻找"梦中茶"的线索。

🍵 风味茶

典型风味茶首选伯爵茶

所谓风味茶，指的是通过添加精油和香料等调配而成的具有香味的茶。另外，加入了花、果皮和香料等增加风味的茶有时也被称作风味茶。风味茶的基底茶大多是红茶，当然其他茶叶也可以用来制作风味茶。

最广为人知的风味茶当属伯爵茶（Earl Grey）。大部分伯爵茶都是以中国红茶为基底茶，加入佛手柑调制而成的。此外还有其他各种风味的伯爵茶。

风味茶制作的初衷是让那些质量不高的茶叶变得适口。但如今，市场上各种香型和茶叶的组合琳琅满目，诞生了许许多多充满创意的风味茶。

☕ 水果茶

新鲜水果与红茶的组合

　　将红茶与新鲜水果组合起来，让茶和水果的风味融合的饮品，就是水果茶。我们在家也能轻松自制水果茶。

　　水果茶有各式各样的做法。想喝热饮的时候，只要把喜欢的水果切好放进茶壶或茶杯中，倒入热红茶即可。也可以加入白砂糖或蜂蜜，会让茶更加可口。还可以在冰红茶中添加切好的水果，制成冰水果茶。

　　至于要放什么水果，我个人比较推荐橙子、草莓、猕猴桃或苹果。颜色鲜艳的水果组合不仅鲜美可口，冲泡时也很赏心悦目。

◻ 节日盛事中的茶

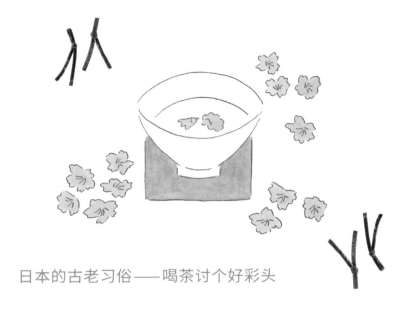

日本的古老习俗——喝茶讨个好彩头

　　日本人在煎茶中加入黑豆、梅干和海带结，并称这样的茶为"福茶"。

　　一般而言，在饮用福茶时，人们会先在茶杯中放入配料，再倒入茶水进行冲泡。但也有直接用开水冲泡的福茶。在日本，尤其是春分①以及除夕②等节日人们会喝福茶，图个吉利。

　　其中，正月喝的福茶被称为"大福茶"，是用"若水"烧开冲泡而成的。"若水"指的是元旦当天第一次从井里打的水。日本人民用喝福茶来庆祝新的一年到来，并祈愿无病消灾、健康长寿。

　　福茶通常在茶叶专卖店有售，也可以自己在家用海带结、梅干和黑豆等食材进行制作。

注：①立春的前一天。日本人民在这一天会举行撒豆驱鬼等仪式。
　　②日本 1 月 1 日过新年，所以公历的 12 月 31 日是他们的除夕。

在喜庆的场合喝特制的饮品

接下来要向大家介绍的不是茶，而是用樱花制成的饮品。

早在江户时代，日本人就开始喝一种叫"樱汤"的饮品。"樱汤"是把盐渍樱花放进茶杯，再加热水冲泡而成的。淡粉色的樱花在杯中摇曳生姿，有一种难以言喻的优雅和美。

如今，在与相亲或婚礼相关的喜庆场合，人们也常常饮用樱汤。结婚是关系到一辈子的人生大事，在这样的大喜之日里，是不能上茶的。因为在日语里，茶会让人联想起"搅浑茶"的说法，意为"含糊敷衍"，不是一个好兆头。这时候，就轮到樱汤上场了。

🥛 八宝茶

添加了中药材的中国茶

中国的八宝茶是一种用枸杞、红枣等中药材冲泡而成的茶饮。这款茶以绿茶为基底，还添加了冰糖，让茶水更加香甜适口。

八宝茶的"八"是"多"的意思，并不是只有八种中药材。就像中国菜里的"八宝菜"一样，指的是菜品中添加了各种各样的食材。

八宝茶起源于中国的西北地区，据说最初是少数民族回族的特色饮品，后来经由丝绸之路传到了世界各地。关于八宝茶中添加的中药材，各地区不尽相同，随着季节变化也会产生变化。日本的茶叶专卖店里也有配制好的小包八宝茶出售。一包刚好可以冲泡一杯茶，十分方便。

八宝茶的功效多——美容养颜，健康养生

　　冲泡八宝茶的时候，只需要将药材一股脑地倒进杯中，再注入热水即可。反复加水，同一包茶可以喝上好几泡，这一点也与其他茶无异。

　　喝完茶之后，还可以把泡过的药材也一并吃下。八宝茶中添加的都是中药材，对美容、健康都有好处。

　　接下来，要向大家介绍八宝茶中的几味药材。作为中国的食材，枸杞在日本也小有名气。枸杞中富含维生素，经常食用还有调节高血压和高血糖的功效。红枣则富含铁和矿物质。菊花能有效缓解眼疲劳。桂圆在日本并不多见，但在中国，桂圆十分常见。桂圆对滋补气血、强身健体和缓解疲劳有很好的效果。

🧁 可以吃的茶

果干和香草的奇妙组合

本节介绍的"可以吃的茶"指的是名为"TeaEAT[①]"的水果茶。这款水果茶用果干和香草制成，将水果的美味浓缩在了一杯茶中。

"TeaEAT"水果茶不含茶叶，是无咖啡因饮品，小孩和孕妇也能安心享用。

享用这款茶时，我们不仅能喝到茶汤，还可以将泡软的果干也一起吃掉。特有的酸甜口感和果香味是其一大特色。

水果干和香草的组合充满了缤纷的色彩，令人赏心悦目。

注：① TeaEAT 是日本茶饮品牌 TEAtriCO 推出的新感觉果茶，以"可以吃的茶"为卖点。——编者注

　　"TeaEAT"的泡法非常简单。热饮只需将满满一大勺"TeaEAT"水果茶倒进杯中，加入100~150ml热水闷至少5分钟，开盖后搅拌均匀即可。别忘了茶里的水果也可以吃哦。如果想喝冰的，就用茶壶泡，比例大概是两大勺"TeaEAT"兑150ml热水。倒入热水后闷至少5分钟，最后将泡好的水果茶一口气倒进装满冰块的杯子里就大功告成了。还可根据个人喜好适量添加糖浆饮用。

TeaEAT 草莓

这款茶添加了大量的草莓果肉，风味酸甜可口。

TeaEAT 芭菲

这款茶是各种红色水果的大集合，颜色如同红酒般鲜红醉人。

TeaEAT 杏子

清新柔和的香气是这款水果茶的特色。值得一提的是，这款茶中还添加了杏黄色的花瓣。

TeaEAT 荔枝

这款茶散发着鲜嫩欲滴的荔枝香气，还带有一丝异国风味，是一款口感清爽的饮品。

TeaEAT 混合浆果

三种浆果的搭配令果香分外
浓郁。口感也颇具层次，令
人回味无穷。

TeaEAT 鲜度

一款柠檬风味的饮品，添
加芦荟果肉，增加了整体
的口感。

TeaEAT 凤梨

任何场合都令人垂涎欲滴
的清爽口味。这款茶的卖
点在于熟透了的凤梨散发
出的甜香。

冷泡红茶，其乐无穷

不管茶叶优劣、泡茶技术高低，冷泡茶的美味不变

  在PART 2中，我将向大家介绍冰红茶的基础泡法。用热水泡好茶汤再将之冰镇，制成的就是冰红茶。虽然冰红茶的制作十分简单快捷，但要挑选合适的茶叶，否则就会发生茶汤低温浑浊的现象，也叫"冷后浑"。

  但用冷泡的方式冲泡出来的茶汤，无论使用哪种茶叶，都不会出现"冷后浑"的情况。不仅如此，冷水泡茶不易发涩，能让红茶的甘醇等各种口感达到绝妙的平衡。即使是初学者，也能泡出美味的冷泡茶。特别适合用来冷泡的茶叶有阿萨姆、大吉岭夏摘茶等。

  冷泡茶并不难，在炎热的夏季，让我们居家常备冷泡茶，轻松享用冰红茶吧！

冷泡红茶的做法

1 准备好和平时用热水泡茶时一样多的茶叶和冷水。

2 把茶叶放进随行杯或茶壶等容器中，然后倒入冷水。

3 常温下，静置3~4小时；若放入冰箱冷藏，则需静置一晚，让茶叶中的有效成分充分释出。

4 滤去茶叶，倒入茶杯或玻璃杯中即可饮用。

注意卫生是关键！

冷泡茶不需要用热水，因而茶叶也得不到有效的消毒，可能会有细菌残留。因此，在冲泡冷泡茶时，请务必使用经过杀菌处理、有卫生保障的茶叶。不清楚茶叶是否经过杀菌的话，购买时请咨询店铺的工作人员。

搭配牛奶和白砂糖

什么牛奶适合用来冲泡奶茶

在英国，冲泡奶茶时到底应该先倒红茶还是先倒牛奶，自古以来都是人们争论不休的一个话题。

争论的双方各执一词，提出了各种各样的理由，最终也没有定论。我们自己在家制作奶茶时，先倒红茶或者先倒牛奶都可以，但要选择经过低温杀菌的牛奶。低温杀菌的牛奶中所含的蛋白质不易变性，因此口味清爽、口感顺滑。用这种牛奶冲泡奶茶，不会掩盖红茶的独特香味，还能引出红茶的鲜美。

冲泡出好喝的奶茶的秘诀在于茶叶。茶叶的用量可以适当多一些，冲泡要充分。加热牛奶时注意温度不要超过65℃。

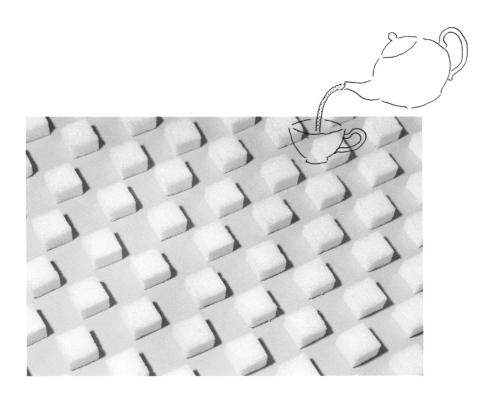

白砂糖和茶的历史渊源

据说，在红茶中添加白砂糖的饮用习惯始于英国。17世纪以前，红茶和白砂糖都非常珍贵，堪比药品。当时只有贵族、富商等上流阶层才能喝到红茶，而在红茶中添加白砂糖，更是权力身份的象征。

当时，茶桌上摆放着的糖罐甚至都没有盖子。后来，随着红茶和白砂糖贸易量的增加，红茶不再为上流阶级所独享，逐渐普及到中产阶级乃至一般平民之中，成为英国的大众饮品。

搭配香草或香料

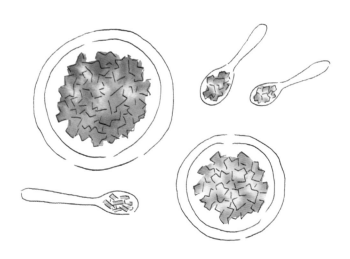

以绿茶或红茶为基底，再加入香草或香料

偶尔想尝试不同口味的时候，不妨试着在平日里常喝的茶叶中加入香草或香料。

只需要在冲泡红茶或绿茶时，事先将茶叶同香草、香料混合好即可。冲泡及饮用方法都与平常无异。放入不同的香草或香料，就能体验到不同的芬芳与滋味。

此外，添加了香草、香料的茶还有着一般茶所不具备的功效。在冲泡这类茶的时候，根据自己的身体状况和心情进行搭配吧!

在PART 3中，还会向大家讲述香草茶的二三事。本节将介绍几类适合与茶叶一起冲泡的香草和香料。

德国洋甘菊

德国洋甘菊非常适合与红茶或绿茶一起冲泡。洋甘菊茶有镇静舒缓的效果，适合在需要放松的时候饮用。口感甘醇柔和。

生姜

生姜作为一种香料，在全球各地都很常见。生姜适合与煎茶搭配，也是红茶的好伙伴。市面上出售的"生姜红茶"正是由生姜加红茶冲泡而成的。饮用添加了生姜的茶饮能让身体暖和起来。

适合与红茶搭配

适合与红茶搭配的香草或香料有玫瑰、接骨木花和肉桂等。玫瑰芬芳馥郁，肉桂具有独特的辣味，而接骨木花可以制成英国的传统饮品"接骨木花水"。

适合与绿茶搭配

饮用绿茶的时候，推荐加入气味清新的柠檬香茅或者薄荷。与柠檬类似的清香是柠檬香茅的特色。

袋泡茶

茶叶和茶包都在不断进化

　　冲泡快捷方便的红茶包最初是由美国人发明的。据说在20世纪初期，一名茶商率先开始用廉价丝绸制成的小袋子来盛放茶叶样品，那就是袋泡茶的原型。一个茶包刚好足够冲泡一杯红茶，把茶包丢进杯子里再倒入热水即可饮用，喝完之后的茶渣处理起来也十分方便。于是，袋泡茶这种喝法便被沿用至今，盛放茶叶的小袋子也从丝绸变成了其他材质。

　　如今，市场上开始出现使用高品质茶叶制成的、价格也较为昂贵的袋泡茶。消费者的选择愈发多样化。

　　不仅如此，制作茶包的材料也在不断进化。除了普通的纸质茶包之外，现在又有了无纺布茶包、尼龙滤布茶包、PLA可降解纤维茶包等各种材质的茶包。

好茶包不会影响红茶的风味

PLA可降解纤维茶包指的是用玉米纤维制成的茶包。和尼龙、涤纶一样，这种纤维几乎不吸水。因此，与吸水性较强的纸质茶包和无纺布茶包不同，使用PLA可降解纤维茶包泡茶时，不必担心茶包会吸收红茶中的营养物质。

另外，尼龙或涤纶制成的滤布带有一定异味，但PLA可降解纤维无色无味，不会对红茶的风味产生丝毫影响。由此可见，PLA可降解纤维茶包具备无味、不吸水的双重优点，可以说是最能保证红茶风味的茶包。

尽管不同材质茶包的差别微乎其微，但在冲泡高品质茶叶时，一点细枝末节都会对茶叶的风味产生巨大的影响。

如何泡出美味的袋泡茶？

冲泡袋泡茶时要做好保温措施。直接用杯子冲泡时，事先烫热茶杯是很重要的。泡茶时可以盖上杯盖闷一会儿。取出茶包时，不要试图挤压茶包让茶汤渗出，尽可能让每一滴茶汤自然落入杯中。

煎茶[1]也能用茶包冲泡

要说袋泡茶的最大优点，归根结底还是快捷方便。用茶包泡茶省去了许多烦琐的工序，既不需要保养茶壶，也不需要处理茶渣，只要有热水和茶杯就能轻松喝上一口热茶。

此外，冲泡袋泡茶时不需要计算茶叶的用量，不管是泡茶高手还是初学者，都能泡出一样好喝的茶来。

煎茶也能用茶包冲泡。茶包的形状多种多样，选择金字塔造型的茶包易于让茶叶舒展，更有利于茶叶中有效成分的释出。

注：①日本绿茶的一种，比玉露等级稍低，是日本家庭最常喝的绿茶。

用茶包冲泡煎茶

事先烫好茶具，放入茶包。将水烧开后静置片刻，待水温稍降（约80℃）后再倒入杯中。注意倒水时避开茶包，不要直接将热水淋在茶包上。

静置约1分半钟。轻轻提拉茶包，使其在热水中上下浮动，根据个人喜好调整茶汤的浓度。让茶包一直留在杯中，茶水会发涩发苦。因此，当茶汤浓度适宜时便可取出茶包。

泡茶用的水可事先用净水器过滤备用，或者煮开后令其沸腾5分钟以去除水中的漂白剂。这样处理过的水泡出的茶会更好喝。

冲泡其他种类的茶叶

冲泡玄米茶或焙茶等类型的袋泡茶时，不需要将热水放凉。只需直接倒入热水，品味蒸腾而上的茶香即可。

冲泡玉露这种类型的袋泡茶时，为保证其温润甘醇的口感，需用比冲泡煎茶时更低的水温（60~70℃）进行冲泡。

🍵 用随行杯泡茶

用随行杯轻松享用原叶茶

茶就在我们触手可及的地方。用西式茶壶或日式茶壶泡茶慢饮固然是一件乐事，但其实我们还能让喝茶变得更简单。

用随行杯来泡茶，在办公室也能轻松喝到美味的茶，就像随身带着水壶一样。随行杯一般带有滤网，只要放入茶叶便可以直接饮用，加水也十分方便。

随行杯通常由耐高温的透明塑料或钢化玻璃制成，透过杯壁欣赏茶叶徐徐绽开的样子也不失为一种品茶的乐趣。

用随行杯泡茶的方法

1

准备好随行杯和茶叶。茶叶的用量约为3g。

2

旋开杯盖，拿出滤网。放入茶叶并注入适量开水。看到茶叶徐徐绽开就可以喝了。在热水充分冷却之前注意不要盖上杯盖哦。

3

当杯中茶水剩下一半时就可以加水了。保持茶水鲜美的诀窍就在于不把茶喝完，及时加水。加水时记得先把滤网取出来。

🍰 赏玩茶叶的包装

茶罐、茶盒、装茶包的纸袋子

品茶的乐趣不仅仅在于喝茶本身。不同的茶叶有着各种各样的
滋味，这些茶叶或茶包的包装也一样，有着独具特色的造型。

我们在喝完茶后，可以把空茶叶罐留下来装一些小东西。例如
前文中提到的圣诞茶以及当季限量出售的拼配茶等，这些茶叶的包
装设计新颖独特、与众不同，让人忍不住想一一收集并珍藏起来。

还有纸盒和装茶包的小纸袋、包装上的标签等也都各有特色，
不知不觉间就因为舍不得丢掉而囤了一大堆。

在寻找自己钟爱的那款茶的同时，不妨也试着挑选一下喜爱的
包装吧！

STEVEN
SMITH
TEAMAKER

KANDY
FULL LEAF BLACK TEA

Name...
cities...
gether...
cup. W...
with b...
and li...
Eliya...
pleas...

pukka

revitalise

A burst of warming
organic cinnamon,
cardamom
& ginger

Classic World Teas
LAPSANG
SOUCHONG

AHMAD TEA

CLIPPER

ding dong!

A BAG OF OUR
BIG BEN
TEA

BLACK TEA

English
Breakfast

AHMAD TEA
LONDON

pukka

relax

A deeply soothing
fusion of organic
chamomile, fennel
& marshmallow

MINTON
ENGLAND

pukka

love

A heart-warming
touch of organic rose,
chamomile &
lavender

VARIETAL:
No. 45

STEVEN
SMITH
TEAMAKER

PEPPERMINT LEAVE

HERBAL INFUSION

It's no secret that the world's most
flavorful peppermint comes from th...
Pacific Northwest. Hand-screened...
perfect leaf size, it has a full, crea...
flavor with distinct chocolate note...
an intense finish. A great after din...
treat, midday breath freshener or...
rear-view mirror dangler. [1 Sachet]

KKA

pure

an fusion of
aniseed, fennel
cardamom

Strawber

ORTNUM & MASON

Famous Teas

QUEEN ANNE

BLACK TEA

Darjeeling
Tea

AHMAD TEA
LONDON

MINTON
ENGLAND

Ginger Chai
FLAVORED BLACK TEA

.72

EVEN
ITH
MAKER

E PETAL
WHITE TEA

nd bud are used for
, or White Peony tea,
de-dried leaves from
ince are naturally
s. Egyptian chamomile
e osmanthus flowers
ky, creamy and slightly
vor. [1 Sachet]

pukka

mint refresh

A spring of
organic peppermint,
fennel & rose

Net Wt 2g
(0.07oz)

MINT
ENGLAND

Mint

FLAVORED
BLACK T

MINTON
ENGLAND

Sir
LIP

dibl

ダー

esty Earl Grey

アールグレイ
PREMIUM SELECTION O...

Pure Nuwara Eliya
ヌワラエリヤ

☕ 茶与茶点

传统茶点与自由搭配

说到茶的"灵魂伴侣"，那就是茶点了。无论在哪一个国家或地区，喝茶的时候都少不了一口小点心。

随着饮茶文化的发展，各地也诞生出了各种传统的点心和佐茶餐品。此外，根据自己的喜好，像挑选茶叶一样随心所欲地搭配各种茶点也不失为一种乐趣。

茶点可以在电商平台或线下的甜品专卖店购买。对自己的手艺很有自信的人也可以尝试亲手制作茶点。茶点的挑选不必拘泥于"传统"，让我们随心所欲地搭配、享用吧。

司康饼

说到英式茶点中的经典款，司康饼可谓是实至名归的王者。把司康饼横着掰开，抹上厚厚的奶油和果酱，就是一道美味可口的佐茶佳品。

苏格兰黄油酥饼

这是一种原产自苏格兰的茶点。苏格兰黄油酥饼（short bread）中的"short"一词指的是其酥脆的口感。这款饼干美味的秘密在于香浓的黄油风味。

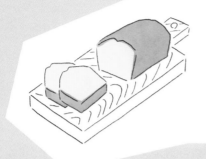

磅蛋糕

磅蛋糕的名字来源于它的制作工序。制作磅蛋糕时，需要小麦粉、黄油、白砂糖和鸡蛋各一磅，磅蛋糕由此得名。直至今日，磅蛋糕在烘焙糕点中仍然占据着难以撼动的经典地位。

维多利亚海绵蛋糕

在两片海绵蛋糕中间填上覆盆子果酱夹心，就是我们所说的维多利亚海绵蛋糕。蛋糕表面没有过多的装饰，只撒上一层薄薄的糖粉。据说这款蛋糕与英国维多利亚女王有着很深的渊源，又名维多利亚女王蛋糕。

三明治

三明治是英式下午茶中比较常见的一款茶点，馅料中一般会添加鲜黄瓜。以前，餐桌上出现新鲜蔬菜被视为财富的象征。英式下午茶中的三明治比普通的三明治更迷你。

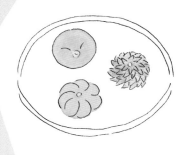

练切

练切是一种日式生果子，也就是带馅儿的日本点心。它的馅料是白豆沙，在白芸豆中加入白砂糖，再和山药等食材混合以增加黏稠度，熬煮后塑形、分切而成。和果子师傅会给白豆沙染上五彩缤纷的颜色，再施以雕琢，制成的练切造型精致美观。

干果子

干果子是所含水分较少的日式点心的总称。这里主要指的是用模具压出各种形状的日式点心。盒装的干果子形态各异、包装精美，更惹人喜爱。

月饼

像月亮一样圆圆的烤制点心。月饼有各种不同的尺寸和馅料。过中秋节时，家家户户的餐桌上都少不了这款传统点心。

凤梨酥

凤梨酥的名字来自中国台湾，指的是包入凤梨果酱烤制而成的茶点。凤梨酥在中国南方地区十分常见，是糕点中的经典款。

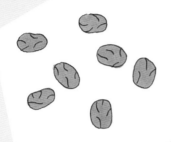

红枣干

将红枣晒干制成的茶点，色泽鲜艳红润。特点是口感酥松，香甜可口。在中国，红枣干也常作为食材被用于各种菜品中。

葵花籽

将葵花籽炒熟，剥开皮即可食用。葵花籽分量轻，可以当零嘴轻松享用。此外，葵花籽营养丰富、口感香脆，吃的时候一不小心就会停不下来。

山楂片

将山楂果与白砂糖混合制成的薄片状点心就是山楂片。山楂片口感软糯，口味酸甜。在中国，还有其他用山楂果制成的点心，如山楂条、山楂做成的小蛋糕等。

🍵 茶叶与佳肴

将茶叶含有的营养全部吃掉的方法

　　茶叶中含有各种各样的成分。在日本，人们曾经把绿茶当成治疗疾病的灵丹妙药来饮用。其中最典型的一种营养素叫作"儿茶素"。儿茶素是多酚的一种，也是让茶叶带有苦味和涩味的"元凶"。儿茶素具有很强的抗菌和抗氧化作用。近年来，部分厂商将绿茶当作健康饮料进行销售，称喝茶能有效预防生活习惯病[1]。此外，茶叶中还含有咖啡因、茶氨酸和矿物质等。

　　然而，绿茶所含的各种营养素中，大多数是不溶于水的物质。因此，人们在饮用玉露及一些高品质的绿茶时，总想着把茶叶也一起吃掉。在这里，给大家介绍几份菜谱，一起来用绿茶制作美味佳肴吧！

注：①由不良的生活习惯造成的亚健康状态及相关疾病。

牛油果大虾沙拉

食材(2人份)

虾仁	6个
牛油果	1个
奶油奶酪	30g
彩椒(切条)	适量
沙拉汁	

A		
	醋	1/2大勺
	盐	1/4大勺
	白砂糖	1/2小勺
	胡椒粉	少许
	橄榄油	1小勺
	生抽	1小勺
	茶叶	1小勺

做法

1 将虾仁去虾线之后洗净,上锅蒸熟。将蒸熟的虾仁切成大小均匀的四块。将牛油果去皮去核,切成1cm见方的小块。奶油奶酪也一样切成小方块。

2 将A中的调料倒进碗里,充分搅拌均匀,沙拉汁就做好了。

3 将步骤1中处理完毕的食材放入另一个碗中,再加入两大勺步骤2中做好的沙拉汁,搅拌均匀。

4 将做好的沙拉盛出即可。可点缀上切条的彩椒。

※ 食谱中出现的"茶叶"均指未经冲泡的干茶叶。

和风什锦茶叶焖饭

食材

茶叶	1大勺
开水	1杯
大米	200ml
牛蒡	半根
胡萝卜	半根
酒	1大勺
生抽	1大勺
白砂糖	一小撮
盐	少许
高汤	适量

做法

1 将茶叶用开水冲泡成浓茶备用。

2 将大米淘洗好，放入米筛沥干水分。将牛蒡斜切成薄片，胡萝卜切片改刀成四分之一的扇形。

3 把洗好的米和步骤1中泡好的茶水、调味料都放进电饭煲中。加高汤至200ml的刻度线。

4 放入牛蒡和胡萝卜片，按下蒸煮按钮即可。

凉拌茶叶豆腐

食材(1人份)

茶叶	1小勺
盐渍海带	1大勺
豆腐	1/4块
生抽	1/2小勺

做法

1 用少量开水将茶叶泡开,沥干水分。把盐渍海带切成1cm长的小条。将豆腐沥干水备用。

2 将步骤1中准备好的食材放进碗里,倒入适量生抽拌匀即可。

马铃薯浓汤佐抹茶酱

食材

马铃薯	1个
洋葱	1/4颗
浓汤宝	1块
水	适量
牛奶	50ml
盐、胡椒粉	适量
抹茶粉	1小勺
开水	30ml

做法

1 将马铃薯、洋葱去皮,切成颗粒较大的碎末。

2 将步骤1中备好的食材和浓汤宝一同放入锅中。倒水至没过食材,中火炖煮。

3 待锅中的马铃薯和洋葱熟透后倒入牛奶。加盐和胡椒粉调味。

4 静置一段时间。待锅中余温冷却后将食材倒入搅拌机,搅拌至顺滑无颗粒的程度。

5 将抹茶粉放入碗中,加热水并搅打出泡沫。将步骤4中做好的浓汤冷却后倒出,根据个人喜好加入适量抹茶即可食用。

🫖 欧式、中式、日式茶壶

泡茶时必不可少的器具——茶壶

　　要想泡出美味的茶，以下这些操作是最基本的：用茶壶将茶叶闷一会儿，再一口气倒入杯中。注意茶壶中不能剩有茶汤。这个方法适用于冲泡任意种类的茶叶。

　　除了茶壶以外，还有许多不同种类的茶具，如茶匙、茶滤等。但说到泡茶时必不可少的器具，当仁不让的还是茶壶。

　　中国人泡茶时用的是茶壶；在日本，人们冲泡绿茶等茶叶的时候也会用上名叫"急须"的壶状器皿。茶壶有许多种，其材质和造型都各不相同。陶质茶壶、瓷质茶壶、玻璃茶壶、金属茶壶、高身茶壶、扁宽茶壶……让我们把眼光投向茶壶，在茶壶的选择上多下一番功夫吧！

欧式茶壶有各种材质，如陶质茶壶、瓷质茶壶、玻璃茶壶、金属茶壶等。其中，瓷质茶壶使用相对方便，初学者也能轻松上手。银等金属制的茶壶容易残留异味，是公认的难保养的材质。玻璃茶壶因为是透明的，便于在泡茶时观察茶叶的状态。若购买陶质茶壶，则要注意挑选内壁有釉的茶壶。

使用高身茶壶时，泡出的红茶容易出涩味。

使用扁宽茶壶时，泡出的茶不易发涩，口感甘醇柔和。

71

中式茶壶

明朝以后，江苏省宜兴市出现了用名为"紫砂"的陶土制成的紫砂壶。紫砂壶品质一流，声名远播。用紫砂制成的茶壶来泡茶，能吸收茶叶中的苦味和涩味，让茶汤变得甘醇适口。烧制紫砂壶时，陶土的土质和窑温不同，烧制出来的茶壶颜色也各有不同。

这是用紫砂制成的茶壶。据说长期用紫砂壶泡茶，茶香会沁入壶壁。用久了的紫砂壶哪怕只倒入开水，也会散发出茶叶的芬芳。紫砂壶最适合用于冲泡青茶。

这是陶瓷制成的茶壶。可以用来冲泡青茶、绿茶等多种茶叶。购买陶瓷茶壶时，宜选择外形较为圆润的。

日
式
茶
壶

日式茶壶也有各种不同的材质和形状。尽管每种茶壶都有自己的优点，我们在选购时还是要尽量选择炻器①或瓷质、陶质的茶壶。这些材质的茶壶不易吸水，便于使用。

这是瓷质的"横手型"日式茶壶。由于瓷器不易吸水、不易残留异味，可以用于冲泡各种茶叶。这款茶壶的壶把在壶身侧面，是最传统的日式茶壶的造型，可以单手使用。茶壶滤网的重要性也不容忽视。购买时，要尽量选择容易清洗、保养，滤网网眼不易堵塞的茶壶。

这是不锈钢制的"上手型"日式茶壶。不锈钢茶壶即使不小心失手滑落也不会摔碎，可以放心使用。"上手型"茶壶的把手在茶壶上方，盛放开水的时候也不用担心烫伤，使用很方便。

注：①一种在大约 1200℃的高温下烧成达到玻璃化的陶瓷。

🫖 挑选自己心爱的茶杯

各种各样的颜色和形状让你一个都不想错过

　　除了茶壶，享受茶时光不可或缺的还有茶杯。茶杯样式繁多，光是按形状分类，就可以分成很多种：专门用于冲泡红茶、绿茶、日本煎茶等不同类型的茶杯，带把手的、不带把手的、带杯盖的、带茶托的，还有材质、颜色、花纹等方面的差异，茶杯的种类简直不胜枚举。

　　现在，市面上有品牌茶杯、古董茶杯、借名人之手设计出的茶杯等，种类与数量多如牛毛。使用不同的茶杯冲泡茶叶，茶香也会有所不同。一个合适的茶杯更能让我们品尝到茶叶独有的滋味。

　　让我们按照以上几个要点去寻找自己钟爱的那一款茶杯吧。只要手捧心爱的茶杯，就能让与茶相伴的时光变得更加美妙。

这款杯子被称为"朝颜形"红茶杯，朝颜是牵牛花的雅称。这款杯子的杯沿呈喇叭状水平展开，如同绽放的牵牛花一般。用朝颜形茶杯泡红茶，能让红茶的香气闻起来更加细腻。又因为瓷胎较薄，更有利于品尝红茶的风味。

这款是"郁金香形"红茶杯。这款茶杯的杯沿由下至上缓缓舒展，令茶香稍有凝滞之感。两种不同的颜色相搭配，十分具有浪漫情调。

这是一款带有茶托、没有把手的茶杯，上面描绘着蝙蝠和寿桃的图案。在中国，蝙蝠和寿桃都有吉祥的寓意。

这是带有杯盖的茶杯，叫作"盖碗"。盖碗可以直接当茶杯使用，也可以作为茶壶使用。作为茶壶使用时，应将盖子斜盖于碗上，留出一道缝隙以倒出茶水。要注意缝隙不可太大，以免茶渣随之倒出。为方便使用，工匠在制作盖碗时会特意不使杯盖和茶杯严丝合缝，留出一定的空隙以方便出汤。

这款盖碗有着鲜艳的色彩和华丽的花纹，非常可爱。杯盖内侧也绘有文字和图案。所描绘的汉字是由好几个有着美好寓意的字组合而成的。仔细观察会发现，这个字里包含了招、财、进、宝四个字。

这款盖碗不仅杯盖和茶托上有图案，就连杯子内侧都描绘着花纹。欣赏这样的茶具也是享受茶时光时的乐事。

这些是颜色、花纹和大小迥异的茶杯。有着简单线条和花纹的茶杯非常可爱，五颜六色的杯子也很讨人喜欢。除了这几种茶杯以外，中国还有被称为品茗杯、闻香杯的茶杯。喝茶时，先将泡好的茶水注入闻香杯中，再倒入品茗杯细细品尝。人们会将空的闻香杯凑近鼻端，细嗅杯中残留的余香。

这是一个高身圆柱形茶杯。这种茶杯泡茶不易变凉，适合用来冲泡焙茶等类型的茶叶。冲泡玉露或其他绿茶时，更宜使用薄胎的瓷质茶具。

这款带盖子的茶碗也适合用于款待客人。

这是一款被称为"汲出茶碗"的日式茶杯。汲出茶碗杯口敞，杯身扁，有利于突出茶叶的香气。另外，这款茶杯杯壁内侧呈白色，便于欣赏茶汤的颜色。

让人目不转睛的细腻之美

在茶叶刚从中国远渡重洋传到西方时，一开始人们用的并不是现在这种带把手的茶杯。当时的茶杯叫作"茶碗（tea bowl）"，茶碗没有把手，但带有茶托。

之后，茶叶传到了英国。随着红茶文化的发展，诞生了各种各样的茶杯。这些茶杯逐渐走进了千家万户。

透过这些西洋古董茶杯，我们仿佛能看到茶杯在西方的发展史。除去价格高昂这一点以外，茶杯的高深学问也让人望而却步。古董茶杯的世界乍一看与现代社会有着千丝万缕的联系，又仿佛存在于另一个次元。那细腻易碎而又灿烂夺目的美，让人忍不住想"一亲芳泽"。

这套茶杯名叫"初夏野花（Marlow）"，是英国名窑明顿（Minton）出品的茶杯。茶杯及茶托上都点缀着初夏时节英国常见的野花图案。

作为20世纪英国瓷器品牌的代表，雪莱（Shelley）公司在1966年正式宣布停产。因此，绝版雪莱瓷器的价格也是年年在涨。右侧图片是雪莱瓷器中的人气产品"野花系列（Wild Flowers）"三件套，包括茶杯、茶托和瓷盘。

这是英国瓷器品牌明顿生产的"蝴蝶方块（Butterfly Square）"系列。鲜艳明亮的粉色和金色相映生辉，非常雅致可爱。据说在瓷器的釉色中，黄色和粉色是公认极难上色的两种颜色，但这款茶杯的发色却十分完美。"蝴蝶方块"系列的特色在于被方形金彩[1]块包住的蝴蝶。

这是英国知名瓷器品牌斯波德（Spode）生产的"海洋玫瑰（Maritime Rose）"系列，包括茶杯和茶托。在温柔恬淡的浅蓝色的衬托下，雪白的玫瑰浮雕显得分外鲜明。从这个杯子上我们就能看出斯波德品牌的高超工艺。

注：①一种采用黄金色釉上彩作为装饰的制瓷手法。

这款茶杯出自英国的安兹丽（Aynsley）骨瓷系列，是一款"命运之杯（fortune cup）"。饮用完红茶之后，还可以用杯中剩下的茶渣来"占卜"自己未来的运势。早在19世纪末，英国曾掀起一股"红茶占卜"的热潮。

英国陶瓷品牌拉德福德（Radford）向来被尊为"花卉绘画大师"，这款茶杯是拉德福德生产的"手柄花（flower handle）"系列。拉德福德品牌的瓷器上所绘鲜花多为深褐色系，这款颜色清新的茶杯可谓是罕见的珍品。茶杯的造型很有现代气息，像是装饰艺术运动①时期的产物。

注：①开始于 20 世纪 20~30 年代的欧美设计革新运动。

茶馆和日式茶站

在专卖店或茶馆品茶是一种什么样的体验

享受茶时光有很多种方法，如了解茶知识、挑选茶叶和茶杯、精心冲泡一杯好茶、一边喝茶一边与家人朋友谈天说地……

在这里，我要向大家介绍享受茶时光的另一种方法，那就是去探访茶叶专卖店。在全国各地有许多茶叶专卖店，店里通常会有来自各个不同产地、不同种类的茶叶，如中国红茶、英式红茶、日本茶等。

除此之外，茶馆也有各种各样的类型。在茶馆，我们可以咨询挑选茶叶的方法，还可以在店里的茶座享用茶水和点心。近来，日本还出现了类似于奶茶店的"茶站（Tea Stand）"，可以让顾客轻松将茶饮打包带走。有机会的话，可以前去体验一番。

⎕ 茶时光的伴侣

心爱的茶，伴以心爱的书和电影

　　本节，我想向大家介绍的是能和美味的茶一起享用的美好事物。那就是书和电影。

　　描写喝茶的光景或提到茶的著作有很多，其中比较有名的有《爱丽丝梦游仙境》等。而在电影中，尽管茶不可能成为主角，但也经常作为道具出现在银幕上。

　　茶之所以会广泛地出现在各类著作和电影中，也是由于它自古以来就受到全世界人民的喜爱，有着悠久的历史。从古至今，无论在哪一个国家和地区，茶都是人们生活中的日常饮品。

　　今天的茶时光，试着伴以心爱的书和电影一起度过，怎么样？

PART 2
掌握这些小知识，
让茶变得更好喝

什么是茶？世界上有多少种茶？茶叶都产自哪里？

怎样才能泡出好喝的茶？

本章将介绍关于茶叶的基础知识，

掌握了这些知识，你会爱上喝茶，

与茶相伴的时光也将变得更加丰富美妙。

什么是茶

茶树上长出的叶子

茶叶有各种各样的品种，但这些不同的茶叶其实都来自一种叫作"Camelia Sinesis"的山茶科植物。"Camelia Sinesis"也就是我们通常说的茶树。

将茶树的叶片采摘下来后，不经过氧化发酵直接炒或蒸出来的就是绿茶。中国和日本都产绿茶。而青茶是茶叶在萎凋过程中轻轻搅拌并进行氧化发酵，之后再通过炒茶工序制作出来的。中国是青茶的主要产地。红茶则是在茶叶萎凋后加以揉捻，再进行氧化发酵制成的。红茶的主要产地有中国、斯里兰卡、印度等。

从同一株茶树上采摘的茶叶经过不同的工艺处理后，便能生出千般芬芳、万种滋味。

茶叶是怎么种出来的

沐浴暖阳而生涩味，夜经寒露而有回甘

　　茶叶的风味受到当地气候和水土的影响。茶树是一种亚热带植物，一般适宜生长在终年气候温暖、雨水充沛的地区。

　　白天，茶树在阳光的照射下进行光合作用，合成儿茶素及蔗糖等营养物质；到了夜里，这些营养物质则会被消耗吸收。因为儿茶素能令茶叶产生涩味，在那些日照时间较长的地区，产出的茶叶往往较为苦涩；而在日照时间适中、较为阴凉的山谷地区，茶叶中所含的儿茶素较少，取而代之的是茶氨酸。茶氨酸能带来鲜甜的味觉体验，令茶叶的口感变得温润甘醇。

　　此外，气温下降时，植物会在体内贮存糖类，这是它们的特性。所以在那些昼夜温差较大的山谷地区，生产出来的茶大多比较甘甜。

茶的功效

喝茶能预防感冒，还能美容养颜

自古以来，茶都是备受推崇的"灵丹妙药"。茶叶含有的儿茶素能降低血液中的胆固醇浓度，还有抑制血糖上升的功效。据说，红茶、青茶（乌龙茶）等茶叶中含有一种特殊的儿茶素，叫作茶黄素。茶黄素能够有效抑制人体对脂肪和胆固醇的吸收。

此外，茶叶还有杀菌解毒的作用。梅雨季节多喝茶能预防食物中毒；在气候干燥的冬季，用茶水漱口还能预防感冒和流感。茶叶中含有的维生素与儿茶素的抗氧化作用相辅相成，可以让我们的肌肤保持光洁细腻。

喝茶保健，重在坚持。只有每天坚持饮茶，才能充分发挥茶的功效。

茶和水

茶和水之间的关系

茶和水之间有着复杂的关系。一般情况下，用硬水[1]冲泡红茶，不利于展现茶香，但泡出的茶汤入口温润甘醇，茶水的颜色较深。无论是什么样的茶叶，用硬水进行冲泡都挺好喝的，但或多或少也会影响茶叶的本色。

与硬水相反，用软水[2]冲泡茶叶时，更能引出茶香，但茶水也更易发涩。用软水泡茶时，茶叶的好坏会极大地影响茶汤的口感。

大多数专业采购人员在购买茶叶时，会根据当地的水质挑选合适的茶叶。因此，在选择茶叶和水时，当地茶叶专卖店的推荐品种搭配当地的水也不失为一个好组合。

注：①硬水指含有较多可溶性钙、镁化合物的水。
　　②软水指不含或含较少可溶性钙、镁化合物的水，如蒸馏水等。

茶叶的储存方式

在低温、干燥处避光保存

氧气、湿气、紫外线、温度以及异味等带来的影响，都可能导致茶叶的风味受损。与绿茶相比，红茶的发酵程度更高，不易变味，更易保存。但即使是红茶，也逃不过这些因素的影响。

因此，在储存茶叶时要注意避开阳光直射、潮湿和高温的环境。茶叶专卖店通常会在储存茶叶的容器里填充氮气后进行密封，再将茶叶保存在低温处。或者将茶叶放置在专用冰箱中保存，并保证温度低于零下18℃。

在家里，我们只需要将茶叶装进遮光且密封性强的容器中，带自封条的铝箔食品袋就非常合适。尽可能排出袋中空气后封口，放在温度相对恒定的地方即可。但最好不要把茶叶放进冰箱或冰柜中，以免受异味污染。此外，冷藏的茶叶取出时也可能因室温过高导致包装上凝结水珠，进而影响茶叶风味。

茶的历史

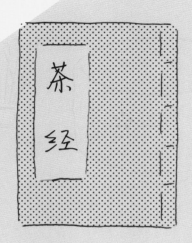

把茶树带到中国的竟然是诸葛亮

据传，茶树原产自中国云南省及现在的缅甸附近地区。距今约两千年前，茶树经中国四川省传入日本。

也有说法称，茶树是在三国时期，蜀国宰相诸葛亮率兵讨伐南蛮时发现并带到蜀地的。因此，云南当地居民也将诸葛亮尊为"茶圣"。

到了唐朝（7世纪~10世纪），茶叶逐渐成为中国人的日常饮品。当时也有一位被称作"茶圣"的作家，名叫陆羽。陆羽编著了《茶经》。据记载，他在当时将绿茶蒸制成饼状，饮用时再碾成粉，加水熬煮。

而到了宋朝（10世纪~13世纪），出现了和我们现在喝的茶叶十分相似的"散茶"。当时，茶馆遍布大街小巷。

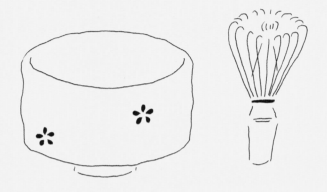

从中国传入日本的"长生不老药"

据传，茶叶传入日本是在日本的奈良时代（710年~794年）。当时，遣唐使来往于中日两国之间，其中，名叫空海、最澄的留学僧把茶叶从中国带回了日本。据史书记载，日本的平安时代（794年~1192年），遣唐使向嵯峨天皇进贡了茶叶。

到了镰仓时代（1185年~1333年），日本的荣西法师来到中国研修禅宗。他编著了一本《吃茶养生记》，并在书中将茶称为"长生不老药"。在他的大力推广下，喝茶这一习惯逐渐在日本普及开来。

在日本，茶曾经只属于一部分特权阶级。直到室町时代（1336年~1573年）后期，茶文化才逐渐渗透到武士乃至平民之中。到了江户时代（1603年~1867年），尽管茶叶仍然价格昂贵，但煎茶已经成为不论高低贵贱人人都能喝得上的饮品。

茶叶承载着对陌生土地的向往

　　17世纪初，绿茶从日本传到海外。东印度公司把绿茶运到了荷兰，这批茶叶及茶具被当地的王侯贵族们视若珍宝。

　　结果，绿茶便被当作延年益寿、强身健体的"东方神药"又从荷兰被运到了英国。

　　当时中国正处于清王朝统治时期。在清朝皇帝的支持下，民间生产出了大量上等茶叶并出口到国外。通过陆运出口的茶叶被当地国家称为"cha"，而通过海运出口到欧洲的茶叶则被欧洲人叫作"tea"。

　　起初，茶叶从中国流入了日本。而后，又从日本传入荷兰，再到英国。带着神秘感和人们对陌生土地的向往，茶叶的足迹逐渐遍布到世界各地。

☕ 茶的种类

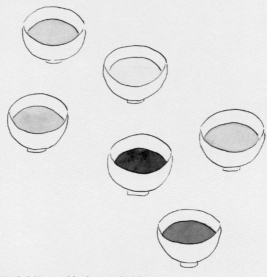

茶叶是按照制作工艺来分类的

所有的茶都是用茶树的叶子制成的。茶叶有各种各样的品种，但从谱系来看，所有的茶叶都源于这两大变种——"中国种"和"阿萨姆种"。

也就是说，茶并不是按照产地进行分类的。根据ISO标准及中国的"六大基本茶类"分类法，茶叶的种类是由其品质及制作工艺决定的。茶叶可以分为以下几种：绿茶、黄茶、白茶、青茶、黑茶、红茶。

接下来，我们将逐一介绍这六种基本茶类，让读者得以一窥茶世界的奥秘，也让喝茶这件事变得更加轻松愉快。

茶的世界非常深奥。但我们不必太过拘泥于种种"讲究"，找到自己钟爱的茶和饮茶方式才是最重要的。

绿茶

中国和日本都出产绿茶。绿茶是一种不经过"发酵"处理的茶。

制作绿茶的时候，先要将摘下的茶叶进行加热，使茶叶内部含有的酵素（酶）失去活性。这道工序叫"杀青"。在中国，"杀青"用的是炒的方法，而日本"杀青"是通过蒸制。不同的杀青方法为中国绿茶和日本绿茶赋予了不同的特色。

"杀青"后，茶叶还要经过名为"揉捻"的工序，再进行干燥处理。"揉捻"能在塑形的同时令叶片水分分布均匀。经过揉捻的茶叶，冲泡时有效成分更易释出。

饮茶文化传入日本，是在日本的奈良时代。到了镰仓时代，日本有了饮用碾茶的习惯。碾茶和现在的抹茶一样，是将茶叶磨成细细的粉冲泡饮用。据说在16世纪，日本的九州岛上，来自中国的明朝陶匠发明了釜炒茶，也有人说是江户时期，明朝僧人将釜炒茶带到了日本。总而言之，釜炒茶从中国传到日本是在明朝。

现在，日本也有釜炒茶，但产量较少。日式釜炒茶主要产自九州地区，如佐贺县的嬉野市、宫崎县的高千穗市、五濑市以及长崎县的彼杵市等。

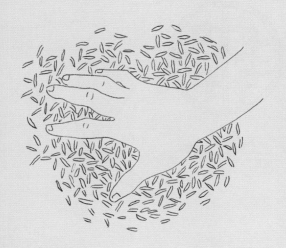

关于"发酵"

本文中提到的"发酵"，并不是真正意义上的发酵。茶叶的"发酵"不是"微生物引起的物质变化"，而是"茶叶内含有的酵素（酶）活性引起的化学变化"。

茶叶"发酵"的现象主要表现为酵素（酶）氧化使儿茶素变红、酵素（酶）遇水分解生成芳香物质等。

为区别于一般的发酵，文中凡是指"酵素（酶）活性引发的现象"，均以带双引号的"发酵"来表示。

绿茶制作时不经过"发酵"这一工序，茶叶成分变化不大。因此，和新鲜茶叶相似的外形和翠绿的色泽是绿茶的特征。大部分日本绿茶都较为细碎，叶片呈针状，而与日本相反，中国产的绿茶有各种不同的形状，如针状、扁平状、勾玉状等。

　　在中国，上等的绿茶只能用茶树的幼芽或芽和嫩梢制成，所以采茶的时机非常重要。在四月上旬，清明节之前采摘制成的绿茶被称为"明前茶"，十分名贵。

　　明前茶香气清爽、茶味淡雅，且汤色较浅，有一种朦胧的梦幻之美。明前茶有许多种类，声名远播的龙井茶、带着细密绒毛的碧螺春都属于明前茶。此外，还有中国数一数二的景点——黄山出产的黄山毛峰，以及叶白脉翠、外形美观的安吉白茶等。

　　冲泡绿茶时，不妨直接将茶叶放入玻璃杯中，倒入开水冲泡饮用。用这个方法泡茶，还能将茶叶在水中翩翩起舞的美景一览无遗。

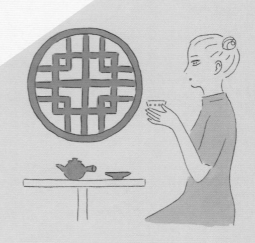

　　日本出产的茶叶大多是绿茶。根据制法、栽培方式和制茶工艺不同，绿茶又可以细分为煎茶、蒸制玉绿茶、玉露、冠茶、抹茶、番茶和釜炒茶等。

　　我们最熟悉的煎茶形状如针，风味非常平衡。各个种类的煎茶蒸制时间也不同，有些茶叶的蒸制时间是普通煎茶的两至三倍，那就是深蒸煎茶。深蒸煎茶因为蒸制时间较长，其苦味和涩味得到抑制，滋味更加温润醇厚。深蒸煎茶通常比普通煎茶更加细碎，经过名叫"精揉"的工艺处理，茶叶变得像针一样又细又直。

　　"玉露"是日本高级绿茶的代名词，玉露茶栽培时需要经过一道名叫"被覆种植"的特殊工艺处理。"被覆种植"就是在采摘前把茶田罩起来，达到遮光的效果。经过被覆的茶叶，涩味会得到抑制，口感更加甘美。玉露的制作工序和煎茶、冠茶一样，但它的被覆时间超过三周，而冠茶只有两周左右。此外，冠茶不是经过蒸制，而是用釜炒制而成的，从这一点看，冠茶与釜炒茶也有少许相似之处。因为冠茶不用精揉，成品通常呈钩状。

白茶

白茶可以说是所有茶叶中制作工艺最简单的一种茶。茶农在制作白茶时，先将采摘下来的茶叶薄薄地摊放在室外，静置一段时间。之后再把茶叶移入室内，再放三天三夜左右。这道工序叫作"萎凋"。将萎凋之后的茶叶进行干燥处理，制成的就是白茶。

因为所用茶叶品种的特征，再加上制作过程中没有"揉捻"这道工序，成品白茶茶叶上多数带有"毫毛"，看上去轻盈柔软。白茶只有少数地区能够生产，产量较少，是一种珍贵的茶叶。

白茶外观酷似绿色的药草，冲泡饮用时，能感受到茶汤天然的风味中蕴含着与红茶相似的刺激性口感。

白茶中有一个品种叫"白毫银针"，是只用银色毫毛密被的嫩芽制成的名贵茶叶。据说，这种茶发源于清朝中期。

此外，还有一种叫"白牡丹"的茶。因其绿叶与白芽浑然一体，雍容华贵，人们便把这种茶叶比作牡丹花。

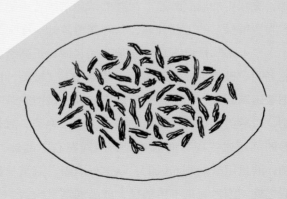

黄茶

所谓黄茶，指的是按照以下工序制成的茶：先将茶叶进行杀青、揉捻。揉捻后将茶叶置于密闭环境下，进行闷蒸。这道工序叫"闷黄"，是制作黄茶特有的工序。经过闷黄处理的黄茶风味鲜甜、醇厚香浓。

黄茶产量稀少，过去曾是宫廷专供的名贵茶叶，因而声名远播。现在，黄茶在日本市面上也十分罕见。

黄茶中有一种名叫"君山银针"的茶叶，产自湖南省境内的君山，只用茶树嫩芽制成。君山银针可以说是黄茶的代名词。这款茶的特色在于茶汤颜色淡薄，口感却颇富层次，入口温润柔和。

还有一种黄茶叫"蒙顶黄芽"，产自四川省雅安市的蒙顶山，是连茶圣陆羽和诗人白居易也称赞不已的名茶。值得一提的是，蒙顶山是世界上有文字记载人工栽培茶树最早的地方，也因此名扬四海。

青茶

要想制作青茶，需要先将茶叶放置一段时间进行"萎凋"。然后反复搅拌和静置，这道工序叫"做青"，通过做青"发酵"而成的就是青茶。

茶叶的"发酵"程度是有一个衡量标准的。不足这一标准的茶叶被称作"部分发酵茶"。日语里的"青"指的是蓝色，但中文里的"青"也可以指墨绿色。青茶之所以得名为"青"，正是因为用这种制法做出来的茶叶大多呈墨绿色。

乌龙茶是青茶中最具代表性的一款茶，如今，人们也常用乌龙茶来代指青茶。

正如上文所言，各种青茶的"发酵"程度都不一样。此外，焙煎程度不同，茶汤的颜色和香气也各有特点。大致说来，茶叶翠绿，冲泡出的茶汤多有花香，入口清爽；茶叶发红，茶汤香气甘甜，口感颇具层次；茶叶偏褐色，则茶汤香气浓郁，口感醇厚。

产自福建省北部武夷山的"武夷岩茶"是中国的代表性青茶之一。关于武夷岩茶的传说有很多，为这种茶叶增添了不少神秘色彩。目前，武夷岩茶有四百多个品种，其中一种名叫"大红袍"的岩茶有着很高的知名度。

另外，说到福建省南部的代表青茶，还有连日本人都耳熟能详的"铁观音"。上文提到的岩茶有一个最基本的特征，那就是成品茶叶都呈深色。与岩茶不同，铁观音有各种各样的制法，制成的茶叶从绿色到深褐色应有尽有。以出产于广东省的"凤凰单枞"为例，这款茶叶有着像花朵和果实一样馥郁奢华的香气。目前市场上出售的凤凰单枞有八十多种。

中国台湾地区出产的茶叶基本都是青茶。台湾地区的青茶也有

好多不同的品种，其中首屈一指的是"冻顶乌龙茶"。

冻顶乌龙茶原产自中国台湾地区的南投县冻顶山，大约在180年前，茶树和制茶工艺从福建传入台湾，冻顶山就是当时的第一批茶园之一。另外，高山茶指的是在海拔1000米以上的高山地区栽培、制成的茶。严酷的自然环境培育出了许多香气浓郁、鲜甜可口的茶叶。中国台湾地区最具代表性的三个高山茶产区分别是阿里山茶区、杉林溪茶区和梨山茶区。

青茶的饮用方法灵活多样，可以用盖碗或茶壶等正宗的中国茶具冲泡，也可以用较大的陶瓷壶或用来泡日本绿茶的日式茶壶"急须"来冲泡。注意冲泡时要稍微多放一些茶叶，用滚烫的开水冲泡，这是泡好青茶的关键。

黑茶

顾名思义，黑茶就是指那些茶叶偏黑、茶汤呈深红棕色的茶。

黑茶是六大基本茶类之中唯一通过真正的发酵——也就是利用微生物引起的变化而制成的茶。

在日本，容易买到的黑茶有中国云南省出产的"普洱茶"，也叫"熟茶"。但是，普洱茶中也有不经过微生物发酵处理直接制成的种类。为了和熟茶加以区分，人们把这种未经发酵处理的普洱茶叫作"生茶"，生茶也就是经过简单处理的绿茶。令人意外的是，历史上生茶才是普洱茶的本家，而熟茶的制法是在20世纪60年代中期左右才产生的。

现在，市场上的黑茶还是以压制紧实的块状茶叶为主，圆盘形的茶叶被称为"饼茶"，像砖块一样方方正正的叫"砖茶"。顺便一提，那些不成形的茶叶被叫作"散茶"。

红茶

最后要向大家介绍的是红茶。

红茶虽然也被叫作"全发酵茶"或"强发酵茶",但这种叫法并不适合所有红茶。

制作红茶时要经过"发酵",这使红茶的制作工艺有别于其他茶叶。将柔嫩的茶叶采摘下来后,先令其枯萎、失去水分(萎凋),再进行充分搓揉(揉捻),这样处理过的茶叶更易于"发酵"。将茶叶摊放在阴凉的地方进行"发酵"。在这个过程中,茶叶会逐渐发黄、变成红色,红茶特有的香气也随之产生。

最后,在香气最浓郁的时候将茶叶进行干燥处理,让"发酵"停止,必要时过一遍筛,红茶就做好了。

红茶主要有传统制茶法、CTC制茶法等。

"传统制茶法"是一种传统的制茶工艺，红茶在揉捻过程中可能会发生部分茶叶破碎的情况，但传统制茶法不会人为切碎茶叶。除此之外，在斯里兰卡还有一种叫作"半传统制茶法"的加工方法，在揉捻完成后马上用名为"洛托凡（rotor vane）"的揉切工艺对茶叶进行加工。

　　"CTC制茶法"指的是将茶叶切碎后挤压制成颗粒状的一种制茶方法。用CTC制茶法生产的茶叶特征是易于冲泡，能更快释出有效成分。

　　在成品红茶中，制作完成后进行拼配或调味的红茶不在少数。生产者和专卖店常常将好几种不同种类的红茶混合起来，为了保证茶叶在一年内不变味，还会进行拼配和调味。

　　用半传统制茶法和CTC制茶法做成的红茶常用于茶包、瓶装茶等饮品的制作。随着市场需求的增加，红茶的产量也在不断上升。

　　此外，在红茶茶香最浓的时期，有些独一无二的单品茶不上市销售，也不用作食品原料，而是直接寄到客户手中。除了红茶以外，其他茶叶也一样，产地、制茶师、季节等各个条件不同，茶叶也各具特色。即使是同一名制茶师用同一种制法制作茶叶，出品也会有不一样的风味。

　　在本书的PART 3中，我们为您准备了好茶种草清单，在这里先了解一下主要的红茶品种吧！

　　先从大吉岭开始。饮用不同季节采摘的大吉岭茶，能品味到各种各样的风味和口感。二月中下旬到四月初这段时间采摘的大吉岭茶叫作"春摘茶"，清新宜人；五月到六月的"夏摘茶"则有着一股辨识度很高的麝香葡萄味，馥郁奢华，这个时期采摘的茶叶也被称作"红茶香槟"；十月到十一月的"秋摘茶"以温润的甜味见长，是一种老少皆宜的茶。

阿萨姆红茶也分为从春摘到秋摘多个时期，但夏摘茶口感更加浓郁突出，是阿萨姆茶中最高档的茶，也很适合用来煮奶茶。

每年的二至三月份，位于斯里兰卡的大多数茶园会迎来"最佳采摘期"。在这一时期，位于不同海拔的各个产地将收获风味各异的上等红茶，如色泽明亮、口感惊艳的努沃勒埃利耶红茶；有着诱人绯红色的汀布拉茶和康提红茶；浓郁醇厚的卢哈纳红茶等。

在为数众多的中国红茶中，作为代表的"祁门红茶"有着如同兰花一般的香气，在英国等地也备受追捧。另外，红茶的始祖"正山小种"近年来也备受青睐，身价倍增，成为中国国内市场上的常客。几乎所有的中国红茶都以春茶为贵。

茶的产地

茶叶需求增加，产量也随之上升

茶是一种世界性饮品。茶叶的产地集中在赤道两侧，南北纬40度左右的范围内。茶叶的产量呈连年增长的趋势，从各国的产量来看，中国、印度、肯尼亚和斯里兰卡名列前茅。值得一提的是，全世界生产的茶叶中，约有六成是红茶，三成是绿茶。

近年来，以农产品为中心，各种"地理标志产品"越来越多。所谓的"地理标志产品制度"是为保持商品价值、保护商品产地而设立的，当某地生产的特定商品拥有独一无二的特性或特征时，该商品便可以用产地名称进行命名。

在中国，以"龙井茶"为首，现在已经有近三百种茶叶使用了产地名称进行命名。这一制度也逐渐在海外各国的茶叶产地推广开来，如印度的大吉岭茶等。茶叶品质上的差异来源于产地，接下来，就让我们来看看各个产地的茶叶都有哪些特征吧。

中国

　　中国有着广袤的国土，但由于茶树喜好温暖湿润的气候，茶叶的产地主要集中在东南地区。即便如此，中国的茶园面积仍然稳居世界第一。各个茶叶产区以山川大河等地形特征为界分成四片，也就是"四大茶区"。

　　江北茶区位于长江以北，是中国最北的茶区。由于当地平均气温较低，茶叶收获期较短，这是江北茶区的一大特征。又因为北方温差大，茶叶中贮藏了丰富的有机物，种出来的茶口感甘甜、香气四溢。该茶区主要生产绿茶，其中"六安瓜片"和"信阳毛尖"这两种茶特别有名。

　　江南茶区则位于长江以南，是四个茶区里面积最大的，包括了十几个省。江南茶区有着得天独厚的自然条件，无论是气温、降水量、日照时间还是土质都非常适合茶树的栽培，也是经济效益最高的茶区。除了"龙井茶""黄山毛峰""碧螺春"等知名绿茶之外，江南茶区还生产出了很多高档茶叶，如乌龙茶之王"岩茶"、世界三大红茶之一的"祁门红茶"和黄茶之雄"君山银针"等。

　　西南茶区的茶园集中分布在高原地区，该区域冬不过寒，夏不过热，一年四季气候稳定。据说，西南茶区是茶树的原产地，当地有许多树龄高达数百年以上的古茶树。西南茶区出产的茶叶种类繁多，各有千秋。绿茶有"蒙顶甘露""都匀毛尖"，黄茶有"蒙顶黄芽"，红茶则有"滇红"等。

　　华南茶区位于中国的最南端。当地土壤肥沃，为茶树成长提供了理想的环境；又因为气候温暖、雨水充沛，华南茶区除了出产"铁观音""冻顶乌龙""英德红茶"等茶之外，还出产黑茶的代表品种"普洱茶""六堡茶"。另外，华南也是茉莉花茶的一大产地。

江北茶区主产茶类

安徽省： 六安瓜片、霍山黄芽
河南省： 信阳毛尖

江南茶区主产茶类

安徽省： 黄山毛峰、祁门红茶
福建省： 武夷岩茶、白毫银针
湖南省： 君山银针、湖南黑茶
湖北省： 恩施玉露
浙江省： 西湖龙井、安吉白茶
江苏省： 洞庭碧螺春

西南茶区主产茶类

四川省： 蒙顶甘露、蒙顶黄芽
贵州省： 都匀毛尖
云南省： 滇红、云南沱茶

华南茶区主产茶类

福建省： 铁观音、黄金桂
广东省： 凤凰单枞、英德红茶
云南省： 普洱茶
台湾地区： 冻顶乌龙、东方美人
广西壮族自治区： 六堡茶

日本

茶树适合生长在温暖的地方。因此，虽然日本的东北地区也种植茶树，但市面上流通的商品茶大部分产自新潟县以南地区。

日本的三大名茶分别是静冈茶、产自京都的宇治茶和埼玉县出产的狭山茶。民间有"色在静冈、香在宇治、味则狭山为绝韵"的说法。

在这三个地区中，尤以静冈县为最。静冈县的茶叶产量约占日本全国总产量的38%，这得益于安倍川水系和当地适宜的日照时间。

静冈之所以成为产茶大县，除了与对茶情有独钟的幕府将军德川家康有着一段渊源之外，最重要的是当地的自然环境有利于茶树的栽培。温暖的气候和较长的日照时间是种植茶树的最佳条件。除了山地和丘陵地区，当地茶农在静冈县南部的平原地带也种植了茶树，各地区出产的茶叶都有着不同的特色。新茶的采摘一般在五月上旬进行，不同地区的采摘期有时也会有些差异。

静冈县南部是深蒸煎茶的发祥地，当地也因此名声大噪；而北部山岳地带则出产高级煎茶。本书PART 3中将要介绍的茶叶种草清单里也提到了该地生产的"本山茶""川根茶"和"挂川茶"等。

三重县的茶叶生产量在全国排名第三。特别是三重县北部，冠茶产量在日本国内独占鳌头，南部地区则出产深蒸茶。位于爱知县的西尾市是日本知名的抹茶产地。另外，新潟县还有广为人知的"北限之茶"——村上茶。

除了绿茶之外，日本富山县的"吧嗒吧嗒茶"也很有名。"吧嗒吧嗒茶"和中国的普洱茶一样属于黑茶，微微的酸味是它的特征。这种茶的喝法据说是在室町时代传入日本的，就是将泡好的茶汤打出泡沫饮用。因为做好的茶"吧嗒吧嗒"冒着泡泡，所以叫

"吧嗒吧嗒茶"。

在日本的石川县，有一种用茶叶梗制成的名茶"加贺棒茶"。在明治时代（1868年~1912年），人们开始将那些未曾拿到市面上出售的茶叶梗焙烤后冲泡饮用。从此，"加贺棒茶"便成为备受平民百姓喜爱的茶叶。

接下来要介绍的是京都出产的茶叶。京都是煎茶的发源地，自古以来有着种植茶叶的传统。当地昼夜温差大且多云雾，在优厚的气候条件下，京都出产了许多高级煎茶，如早在镰仓时代便已家喻户晓的宇治煎茶。京都的抹茶产量居全日本之首。此外，当地茶农发明的各种栽培及制茶技术也已经普及到日本全国各地，如应用于玉露茶种植的知名技术"被覆种植（详情请参见第99页）"等。

日本近畿地区[①]并不只有宇治茶，还有奈良县出产的"大和茶"、滋贺县出产的"朝宫茶"等。这些都是有着古老历史的茶叶，据说诞生于9世纪初。

接下来要介绍的是产自埼玉县的"狭山茶"。尽管日本关东地区气候比较凉爽，但当地仍有茶叶栽培产业，以及以狭山茶为首的众多茶叶品牌。

横跨埼玉县和东京都的狭山丘陵地区是狭山茶的最大产地。狭山茶大部分是煎茶，每年的五月中上旬是狭山茶产量最高的时期。在大火的焙烤下，诞生出了香气四溢的狭山茶。

此外，还有茨城县出产的"猿岛茶"和"奥久慈茶"、栃木县出产的"黑羽茶"等。

日本的中国地区[②]和四国地区[③]出产的茶叶大多与产地有着深厚的联系。虽然产量相对较少，但除了煎茶之外，当地还有其他各种各样的茶叶。

注：①日本地域中的一个大区域概念，位于日本本州岛的中西部。
　　②位于日本本州岛西部，由五个县组成。
　　③位于日本本州岛的西南部。

其中，产自德岛县的"阿波番茶"据说有着长达八百年的历史。阿波番茶生长在山岳地带，与普通的番茶不同，这种茶是用"一番茶"，也就是每年的第一批茶叶制成的。但这批新茶不是在春天茶树刚发新芽时收获的，而要等到盛夏茶叶成熟之后再将其采摘下来，所以也被叫作"晚茶"。冈山县出产的"美作番茶"十分有名，这种茶是将茶树的枝条整条砍下制成的。高知县则出产名叫"碁石茶"的发酵茶。制作这种茶的时候，要将茶叶切成3厘米见方的方形，"碁石"由此得名。据说碁石茶早在江户时代就已经出现，当时的人们用它来制作茶粥。

继静冈之后，茶叶产量在日本雄居第二的是鹿儿岛县。鹿儿岛位于日本列岛的最南端，因此这里也是全国最早迎来茶叶收获期的地方，每年的四月上旬就能享用到新茶了。除了口感层次丰富、甘甜可口的"知览茶"以外，当地还生产许多用于拼配的茶叶。

日本九州地区气候温暖，因此，在鹿儿岛以外的其他地区，茶树栽培也十分盛行。九州地区的茶叶生产量约占日本全国总产量的四成。当地自古以来与朝鲜半岛和中国往来密切，至今仍在生产一些从中国传入日本的茶，如釜炒茶等。

在佐贺县，为了制作釜炒茶，茶树种植业十分红火，风味清爽的"嬉野茶"就产自佐贺。而浓缩了满满鲜甜滋味的"八女茶"则来自福冈，当地昼夜温差大、云雾多，为栽培极品玉露茶提供了条件。

另外，尽管冲绳县的茶叶产量少，但当地有着丰富的传统饮茶文化。如从15世纪流传下来的"卟咕卟咕茶"等。

日本主要出产绿茶。但近年来，静冈县、茨城县、福岛县等部分地区也开始生产高档红茶。

斯里兰卡

在英国殖民地时期，斯里兰卡曾被称作"锡兰"。如今，从斯里兰卡出口的茶叶仍然被叫作"锡兰红茶"。

位于高海拔地区的汀布拉茶区是斯里兰卡最具代表性的一个茶区。该茶区生产的红茶香气清新、口感微涩，茶汤红中带橘，明艳诱人。

19世纪末，托马斯·立顿（Thomas Lipton）爵士在斯里兰卡的乌沃地区开始了茶叶栽培。提神醒脑的"乌沃风味"是乌沃红茶的特征。

位于高原地区，海拔将近两千米的努沃勒埃利耶茶区在殖民地时期曾被开发成避暑山庄，如今，当地的街景仍保留着一丝英式风格的气息。当地之所以能成为茶区，主要是因为气候温差大，培育出的茶叶具有独特的香气。斯里兰卡大致可以分为七个茶区，除了上文提到三个茶区以外，还有康提茶区和卢哈纳茶区等。康提茶区是斯里兰卡首个建立起商业化茶园的茶区，卢哈纳茶区位于斯里兰卡西南部的低洼地区，当地生产的卢哈纳红茶口感醇厚，适合用来冲泡奶茶。

斯里兰卡属于热带气候，全年气候稳定、雨量适中，因此一年四季都能生产茶叶。

斯里兰卡每年会迎来两次季风季节。当地的气候特征受季风影响，分为雨季和旱季。

旱季生产的红茶品质更佳。位于山区东侧的乌沃地区的旱季在每年七月至八月，而位于山区西侧的汀布拉地区则在每年一月至二月才迎来旱季。

斯里兰卡的红茶产地分布以山岳地带为中心，因此，根据不同的海拔，生产的红茶可分为以下几种类型：

● 高地茶（High Grown）：产自海拔1200米以上的地区
● 中段茶（Medium Grown）：产自海拔600~1200米的地区
● 低地茶（Low Grown）：产自海拔低于600米的地区

海拔不同，种植出来的红茶风味也有所不同。低地茶呈深红色，口感浓郁醇厚；中段茶多为花香、叶香突出的红茶；高地则多出产风味清爽的红茶，如口感顺滑的努沃勒埃利耶红茶等。

印度

印度是世界上最大的红茶产地，其茶叶产量占世界总产量的一半以上。当地培育了高级大吉岭红茶及口味浓郁的阿萨姆红茶等多种名茶，自古以来便闻名遐迩。

19世纪，为摆脱对中国进口茶叶的依赖，实现在本国殖民地独立发展茶叶种植的目标，英国正式开始在印度种植红茶。除去阿萨姆、大吉岭、尼尔吉里这三大茶区之外，锡金、康格拉、特莱、杜阿兹和慕纳尔等地区也是茶叶的产地。

说到世界最知名的红茶，大吉岭红茶可谓是当之无愧。但令人惊讶的是大吉岭茶区位于印度东北部，规模非常小，茶叶产量也仅占印度国内总产量的1%。由于当前市面上出现了太多鱼目混珠的假冒大吉岭红茶，为保护该品种，印度政府已将"大吉岭红茶"列为地理标志产品。

海拔高、温差大、寒雾浓，这些自然条件孕育出了被誉为"高香红茶"的大吉岭红茶。大吉岭红茶一年有三次采摘期（也叫品茗季节），初春采摘新芽制成的茶叫"春摘茶"，五月份采摘第二批嫩芽制成的叫"夏摘茶"，而在季风过后，经过雨季洗礼的十至十一月份出产的则属于"秋摘茶"。不同季节出品的茶叶也有着不一样的滋味，试着去寻找自己钟爱的茶叶吧！

　　阿萨姆是位于印度东北部的一个州，也是一大红茶产地。阿萨姆茶区生产的茶叶占印度年产量的一半左右。

　　阿萨姆茶区正式开始进行茶叶的商业化种植是在19世纪中期，被誉为"印度茶产业之父"的布鲁斯兄弟开始用当地野生的阿萨姆种茶树进行栽培。由此，印度成了继中国之后，首个开启红茶商业化生产的国家。

　　每年的五月至十月是阿萨姆地区的季风季节，季风引发的河水泛滥为当地带来了肥沃的土壤。有时洪水来势过猛，甚至会造成茶树被淹的情况。

　　在大型茶园，我们经常能看见一种叫作"遮阴树"的树木，栽种这些树是为了给茶树遮挡阳光。布鲁斯兄弟在发现阿萨姆种茶树时，也发现茶树有利用其他树木的荫蔽成长的特性。因此，在茶园种植遮阴树的传统也延续至今。

　　阿萨姆红茶的特色在于其浓郁的风味和类似谷物的香气，也叫麦芽香。

　　和大吉岭红茶一样，阿萨姆红茶也分为春摘茶、夏摘茶和秋摘茶。在每年七月至八月的雨季前后出产的阿萨姆红茶叫作"雨摘茶"。

　　另外，有九成以上的阿萨姆红茶是用CTC制茶法加工而成的。

泡茶的基本步骤

　　我们向各个茶叶专卖店的工作人员以及茶艺师请教了冲泡各种茶的基本步骤，并总结了泡茶的诀窍。泡茶其实很简单，让我们记住这些诀窍，一起享用美味的茶吧！

119

红茶

红茶要用开水泡

　　首先要计算茶叶和热水的量以及冲泡时间，红茶的包装上通常会标注大致的配比和时间。

　　特别要注意的是，冲泡红茶时，要选用刚刚煮沸的水，因为热水的含氧量会影响茶香的释放。随着温度上升，水中含有的氧气会越来越少。因此，如果在煮沸后继续加热，或是放置一段时间后重新加热，热水中的氧分子会变少，所以冲泡红茶时要使用刚刚煮沸的开水。

　　此外，预热茶壶和茶杯也很重要。在注入热水时，不要直接接触茶叶，而应该让水沿着壶壁慢慢流下，并尽可能一口气倒完，不要分成几次。

红茶的泡法

1

将水煮沸，然后注入壶中温热茶壶。待茶壶温热之后，将壶中的水注入茶杯，再温热茶杯。

2

在茶壶中放入适量茶叶，注入刚煮沸的开水。

3

根据茶叶的量，静置片刻，充分萃取出红茶的味道。

4

倒掉用来温热茶杯的热水，并注入红茶。当多人品茶时，可先将茶水倒入分茶器中，再依次倒入各个茶杯里。这样泡出来的红茶会更加美味。

冰红茶

快速冰镇是关键

炎炎夏日，来杯冰红茶吧。首先要介绍的是将热红茶冰镇制成冰红茶的方法。

制作冰红茶时，要小心"冷后浑"。直接把冰块放进温热的红茶里，会使茶水发白浑浊。"冷后浑"不仅影响茶饮的美观，还会让味道也大打折扣。因此，冲泡冰红茶时，要努力避免这一现象。

防止"冷后浑"，快速冰镇是关键。快速冰镇能保持茶水原有的风味，制成的冰红茶自然美味可口。

以下方法适用于冲泡汀布拉红茶或伯爵茶。除此之外，"冷泡"也不失为一个好方法（详情请参见第44页），不管是什么茶叶，都能轻松搞定！

冰红茶的泡法

1

按照第121页中的步骤，用开水泡好红茶备用。因为快速冰镇时会另外加冰块，冲泡时请在原来的基础上将开水的量减少四分之一，这样冲泡出来的茶会比较浓。

2

闷一会儿后，将红茶倒进分茶器里。

3

在杯中放入冰块，将步骤2中的茶水倒进杯中，让茶水快速冷却。少量多次注入，不要一次性全倒进去。

4

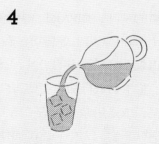

将冰红茶倒进放有冰块的玻璃杯中即可饮用。

奶茶

茶叶要多，闷泡要足

要想泡出好喝的奶茶，建议选用风味浓厚、涩味突出、层次感丰富的茶叶，如PART 3中介绍的阿萨姆红茶、卢哈纳红茶或红碎茶（BOPF等级）等皆可。较碎的茶叶有利于将红茶的风味充分萃取出来，这样泡出的奶茶，茶味才够足。

将牛奶进行加热会使蛋白质变性。可以先把牛奶从冰箱中取出回温，或是用微波炉的"热牛奶"功能稍微热一下。这样在冲泡奶茶时就不会因为牛奶冰冷而使红茶变凉。

冲泡红茶时，要比平时多放一些茶叶，多闷一会儿。也可以在泡好浓红茶之后，直接把牛奶倒入装有红茶的茶壶中饮用。

奶茶的泡法

1

按照第121页中的步骤进行冲泡。茶叶稍微多放一些，倒入开水，泡好红茶备用。

2

牛奶可以提前从冰箱里取出回温，也可以用微波炉的"热牛奶"功能进行加热。

3

闷好浓红茶之后，把红茶倒进杯子里。

4

把步骤2中温好的牛奶也倒进杯中即可。

绿茶

冲泡绿茶时水温要比开水低一点

　　煎茶和玉露是日本绿茶的代表。不同种类的茶，冲泡所需的最佳水温也不一样，但不管冲泡哪种绿茶，"低温"都是关键。只有番茶和焙茶例外，要用滚烫的开水进行冲泡。

　　本节介绍的是煎茶的冲泡方法。此外，深蒸煎茶、蒸制玉绿茶和冠茶也可以用同样的方法进行冲泡。

　　冲泡煎茶的最佳温度是70~90℃，玉露是50℃，釜炒茶则是80~90℃。泡茶用的水要先煮开一遍，去除水里的漂白粉味，稍微晾一会儿之后才能使用。可以通过倒进别的容器来让开水降温，每倒一次水温大约会下降5~10℃。当感觉到茶杯虽然烫手，但勉强还能拿住的时候，就差不多是70℃了。

煎茶的泡法

将水煮开后稍微晾一会儿，倒入
分茶器。把分茶器里的水分斟到
茶杯中，有几个人就倒几杯。

温热茶壶后，放入适量茶叶。

将茶杯里的热水慢慢倒入茶
壶。水量刚好没过茶叶即可。
不要摇晃茶壶，静置闷泡一会
儿。可以将盖子斜盖，防止闷
过头，给第二泡茶留点余味。
从第二泡茶开始，直接倒入热
水冲泡即可。

闷泡时间要根据茶叶的用量进
行适当调整。茶泡好之后，分
斟到各个茶杯。分斟时不能一
杯一杯斟，而要轮流不停地来
回斟，以免出现茶量不等、浓
淡不均的情况。

冷泡茶

品尝绿茶的天然美味

　　其实，要想品味绿茶，"冷泡"是最好的方法。"冷泡"指的就是低温冲泡。

　　冷泡茶有多种制作方法，可以用少量开水泡茶，再放入冰块，倒入冷水进行冷却，也可以按照本节介绍的方法冲泡。低温冲泡绿茶不易出涩味，还能释出茶叶的鲜美和甘甜。也可以直接用茶叶加冰块进行浸泡，这种泡法叫作"冰泡茶"。"冰泡茶"是用冰块融化时渗出的水珠一点一点地萃取出茶叶的精华，这种方法特别适用于冲泡高档茶叶，不妨一试。

　　要想喝不热的茶，我们身边就有许多，如瓶装绿茶等。偶尔也可以自己动手，泡一杯美味的冷泡茶吧！

冷泡茶的基本步骤

将适量茶叶放入茶壶,倒入冷水。水量以完全没过茶叶为宜。

闷一会儿后将泡好的茶倒进茶杯或玻璃杯中,放入适量冰块风味更佳。

冷泡茶,更轻松!

除了可以用茶壶冲泡之外,最近市面上又出现了自带茶滤或过滤网的瓶状冷萃壶。只需要在壶中放好茶叶、倒入冷水,然后放进冰箱,静置一段时间。有了冷萃壶,忙碌的时候也能喝上一口美味的茶,实在是方便啊!

焙茶

趁热冲泡是关键

　　焙茶是用茶叶炒制而成的。焙茶受欢迎的秘诀在于它香气诱人独特，且咖啡因含量低，儿童也能放心大口地饮用。要想品味到香气四溢的焙茶，用滚烫的开水冲泡是关键。水烧开之后要趁热冲泡，可别放凉啦。

　　虽然煎茶等类型的茶叶可以反复冲泡，但焙茶不一样，泡过一次就要换新茶叶了。

　　冲泡焙茶的方法还可以用来泡番茶或玄米茶。这两种茶也一样，只能冲泡一次，要记得及时更换茶叶。

焙茶的泡法

1

在茶壶中放入适量茶叶。使用
保温效果好的茶壶，泡出的焙
茶会更好喝。

2

将烧好的开水趁热倒进茶壶。

3

闷一会儿后，将泡好的茶均匀
地分斟到各个茶杯中。

番茶还可以用铁壶煮!

番茶的泡法和焙茶一样。
用铁壶煮番茶也别有一番
风味。用铁壶煮开水，沸
腾后放入茶叶，转小火熬
煮一会儿即可饮用。冰镇
后风味更佳。

花草茶

不一样的香草和香料，闷泡所需的时间也不同

　　用干燥香草冲泡的诀窍和泡茶大致是一样的，掌握好闷泡时间是关键。不同种类的香草需要的闷泡时间也不同。用有坚硬外壳的种子和果实冲泡花草茶时，要记得多闷一会儿。

　　花草茶在第一次冲泡时就会释出很多有效成分，所以不能像茶叶一样再泡第二次、第三次。

　　因为花草茶色泽艳丽，用耐高温玻璃材质的水壶或水杯进行冲泡会更加赏心悦目。本节将介绍用干燥香草冲泡花草茶的方法。

1

温热水壶或水杯，放入干燥香草。泡一壶花草茶（约200ml）大约需要1大勺干燥的香草。

2

在水壶或水杯中注入热水，水温在95~98℃为宜。水烧开后马上关火，晾一会儿。

3

倒入开水后，立即盖上盖子进行闷泡。若原料是花朵或叶子，则闷3分钟左右；如果原料是种子或果实，则需要闷约5分钟。

4

将泡好的茶用茶滤进行过滤后，倒入茶杯即可饮用。

用玻璃杯泡茶

这样泡茶简单又美味

看了前文的介绍，我们会发现世界各地的茶叶实在是琳琅满目。除了有很多不一样的茶类和品牌外，还各有各的最佳泡法。

在工作时间花工夫去泡茶不太现实，可家里还没准备好专用的茶壶，又该怎么办呢？

在这种情况下，想喝茶的各位也大可放心。我们还有一个方法，只需要一个耐高温的玻璃杯，就能轻松喝上美味的茶。这个方法适用于任何一种茶叶，但考虑到用玻璃杯泡茶能观赏茶叶在杯中摇曳的"身姿"，且杯口大有利于降温，建议大家选用赏心悦目、适合低温冲泡的高级绿茶、黄茶或白茶。

用玻璃杯泡茶的基本步骤

1

准备好一个耐高温的玻璃杯，倒入适量热水温热茶杯。茶杯温热后倒掉热水，放入茶叶。

好喝的关键是比例

这个比例适用于任何一种冲泡方法。熟练之后，还可以根据茶叶的种类和个人喜好调整茶叶和水的用量。

· 冲泡1g茶叶大概需要100ml热水。
· 热水的温度：
  冲泡青茶、红茶和黑茶，水温在90~100℃为宜。
  冲泡绿茶、黄茶和白茶，水温在85~90℃为宜。

2

注入热水，当茶叶微微绽开时即可饮用。

加热水时的注意事项

当杯子里的茶还剩一半左右，就可以加热水了。暂时不喝的时候，记得在杯中剩下一点茶水，水量以刚好没过茶叶为宜，并用纸巾轻轻盖住杯口。下次要喝的时候再加水即可。

用盖碗泡茶

万能的盖碗你值得拥有

盖碗指的就是带盖子的茶碗，大多数盖碗都带有杯托。直接把茶叶放入盖碗中，倒入开水，待茶叶舒展开时，将盖子斜盖，留出一道缝隙来"啜饮"。这是盖碗本来的用法。

盖碗也可以像茶壶一样用。拥有一个盖碗，就像同时有了茶壶和茶杯一样方便，盖碗真是万能啊！

在这里，我要教大家把盖碗当作茶壶来泡茶。这个方法和刚才提到的"啜饮法"基本相同，但在泡好茶之后，不是直接对着盖碗啜饮，而要把茶水倒进茶杯里再饮用。

几个人一起喝茶时，可以先将盖碗里的茶水倒进分茶器，使茶汤的浓淡滋味一致，再分斟到各个茶杯中。

用盖碗泡茶讲究技巧，需要稍作练习才能掌握其中的诀窍。熟练之后，不管是什么茶叶，都能轻松泡出好喝的茶来，快来试试吧！

用盖碗泡茶的基本步骤

2

盖上盖子闷一会儿。前两次冲泡时只需要闷1分钟左右，从第三泡开始需要再多闷30秒至1分钟。

用热水
将茶叶

3

将盖子斜盖，留出一道缝隙，把茶水倒进杯中即可。用茶滤进行过滤，茶汤会更加清澈透亮。倒茶时记得要一口气倒完，碗中不能剩有茶汤。

几个人一起喝茶时

冲泡多杯茶时，先将盖碗里的茶水倒进分茶器，使茶汤的浓淡滋味一致，再分斟到各个茶杯中。

用紫砂壶泡茶

不能错过的紫砂壶

给大家介绍一下如何用茶壶（日本叫作"急须"）来泡茶。茶壶有很多种质地，用紫砂土做成的茶壶保温效果较好，适合用于冲泡青茶、红茶、黑茶等，这些茶用高温冲泡更好喝。另外，由于紫砂壶容易吸收茶叶的香气和滋味，冲泡不同风味的茶叶，最好用不同的茶壶。

中国人的饮茶文化中有一种叫作"养壶"的雅趣之举。"养壶"就是利用紫砂壶易吸味的特性来"磨炼"茶壶，让它泡出更美味的茶。经过长时间精心养护的紫砂壶，不放茶叶也会散发出茶香。

紫砂壶的使用和养护并不是那么简单，不仅冲泡的步骤烦琐，茶壶的特性还会影响茶水的风味。

用紫砂壶泡茶的基本步骤

新的紫砂壶在开始使用前，要用带渣的浓茶浸泡三天以上以祛除土腥味。

1

将不带土腥味的紫砂壶用热水温热后，倒掉热水，放入茶叶。

2

注入热水至壶嘴高度。

3

闷泡。如果需要保温，可以盖上壶盖，将热茶淋浇在壶上。前两次冲泡时只需闷1分钟左右，从第三泡开始，每增加一次冲泡，可以将闷泡时间增加30秒至1分钟。

4

将茶水倒入杯中即可。用茶滤进行过滤，茶汤会更加清澈透亮。倒茶时记得要一口气倒出，壶中不能剩有茶汤。冲泡几杯茶时，可以先将茶壶里的茶水倒进分茶器，使茶汤的浓淡滋味一致，再分斟到各个茶杯中。

什么叫茶的等级

通过茶的等级判断茶叶的大小和形状

红茶的包装上通常都会标有"BOP""TGFOP"等字样,这些字母代表的是茶叶的等级。

"等级"的概念产生于19世纪,当时人们用等级来描述原料取自茶树的哪一部分以及红茶的品质。但现在除了中国以外,其他各国的茶叶等级则主要用来形容叶片的大小和形状。以叶片的尺寸为基准,还能用来估算闷泡所需的时间。

茶叶大致可以分为以下几个等级:长度1厘米左右、叶型较大的茶叶(如FTGFOP1、TGFOP等),长约2毫米的碎茶叶(BOP、BOPF等),以及中等尺寸的茶叶。

不同的产地有着不同的等级标准

在斯里兰卡地区，茶农们加工茶叶时主要使用半传统制茶法，所以，小叶型的茶叶（BOP等级别）在市场上占主流。

而在印度，不同产地对茶叶等级的划分标准也不太一样，因而产生了许多不同的等级。再加上茶园在评估茶叶等级时拥有一定的自主权，茶农在加工茶叶时，有时也会出现"大小一致，等级不同"的情况。

中国对茶叶等级有着独树一帜的评判标准。和其他产地不同，评价中国茶时，不仅要考虑叶片的大小，还要考虑到茶叶的品质。每一种茶叶都各有严格的等级标准。以最基本的红茶为例，根据芽叶的大小、硬度、色泽、风味、香气等条件进行综合评估，把红茶划分成特级和1~6级。但对于"工夫红茶"等中国国内市场上流通的溢价茶，定价时用的却是另一套价值评判标准，这也是常有的事。

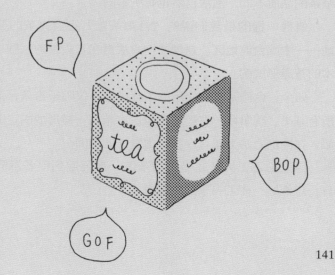

什么是工夫茶

花时间、下功夫，精心冲泡一杯好茶

本节要介绍的是工夫茶。"工夫"一词原指时间，由此引申出了"花时间""下功夫""用尽本领"等意思。由此可以看出所谓的泡工夫茶，指的是"花时间、下功夫，精心冲泡美味好茶"，而不是某种冲泡的形式或方法。

关于工夫茶的起源，没有一个确定的说法，有人说工夫茶起源于中国广东省潮州市，也有人说它来自福建省。这两个省份都出产青茶，也就是乌龙茶。直到明清时期，青茶才作为茶的一个新品种闪亮登场，在那之前，市面上出售的茶叶绝大多数是绿茶。青茶和绿茶的品质不同，泡法自然也有所不同。

值得一提的是我们说的"台湾茶艺"来自青茶的另一个大产地——中国台湾地区。这种冲泡方法是在工夫茶的基础上，借鉴日本的茶道形成的。

如今，台湾茶艺中使用的茶叶已经不仅限于青茶，逐渐扩展到所有茶类。现阶段，它还没有像日本茶道一样形成固定的形式和流派，在冲泡方法上还有许多自由发挥的空间。

但无论是工夫茶还是台湾茶艺，都要用到很多不同种类的茶具，想泡好一杯工夫茶并不简单。

什么是花茶

吸收了茉莉等鲜花香气的茶

花茶指的是吸收了花香的茶叶。而那些用于冲泡的干花，以及用干花和茶叶拼配制成的茶都不能叫花茶。

用作茶坯的茶叶最好选用风味温和，与花香不冲突的茶类。中国大陆出产的花茶，茶坯以绿茶或白茶为主；而中国台湾地区因为基本不生产绿茶和白茶，则多用轻发酵型的青茶作为茶坯。此外，用作花茶原料的花以香气浓郁、不易变味为宜，最具代表性的就是茉莉花。

制作茉莉花茶非常耗费时间和毅力。首先，要赶在白天把即将在夜里开放的茉莉花苞摘下送到工厂，和茶坯混合进行熏制。熏制期间，每隔一段时间就要进行搅拌，搅拌的工作要持续一整晚。到第二天早上，再将枯萎的茉莉花挑出来丢掉。这道工序重复多次之后，茉莉花茶才大功告成。

熏制的次数越多，制成的茉莉花茶香气越浓。但考虑到茶叶本身吸香能力有限，且每次干燥处理都会对茶叶造成一定的损伤，一批茉莉花茶最多只能重复熏制七次左右。

什么是粉茶

"出物"的一种，味道和一级茶几乎无差别

　　煎茶和玉露在制作过程中产生的副产品被称为"出物"。虽然出物的外形不符合上市标准，味道却和一级茶几乎没有差别。就像市场上的蔬菜一样，茶叶中的残次品也会被降价出售。价格低廉便是出物的魅力之一。

　　"粉茶"指的是用茶叶研磨制成的碎末。寿司店里的茶水就是用粉茶冲泡而成的。茶叶需要闷浸出汤，而粉茶因为是粉末状，能更直接地品出茶的鲜美，也能更充分地吸收茶的营养成分。和茶叶一样，用嫩芽制成的粉茶叫作"芽茶"，而用茎梗制成的叫作"茎茶"。

什么是茶柱

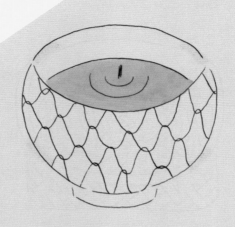

它是"出物"，也是"吉祥物"

在日本，若泡茶时茶柱在杯中立起，人们往往会认为有好事即将发生。茶柱也是出物的一种，它其实就是茶叶梗。

以前，分拣茶叶的工作全靠手工进行，制作煎茶时，偶尔会混入几根茶叶梗。如今，茶叶加工中引进了机械化操作，茎梗没挑干净的情况不再出现。再加上人们也不再使用土瓶①泡茶，现在用的茶壶滤网比土瓶要小得多，茶柱都被"拒之门外"，就更难在茶杯中找到茶柱了。

值得一提的是，无论是富含纤维的"茎茶"，还是叶尖卷曲的"芽茶"，冲泡时都需要闷很长时间。喝这些茶时，就用温热的水，慢慢吊出好喝的茶汤吧！

注：①一种有提把的陶制茶壶，滤网网眼较大。

147

什么是"八十八夜"

采茶季开始的信号

立春之后的第八十八天，也就是阳历5月2日前后，在日本农历中被称为"八十八夜"。八十八夜是采茶季开始的信号。从这一天起，"新茶"开始逐渐上市。南方气候温暖，新茶上市的时间要比北方早一些。

在冬季，茶树会把丰富的养分储藏在根与茎里，到了初春时节，再借着稍显羸弱的春日慢慢成长起来。因此，春天采摘的新茶中含有许多茶氨酸，茶氨酸是鲜味的来源。而沐浴着夏季强烈的阳光，长得比新茶更快的是"番茶"，番茶的收获期是在夏秋之际。与新茶相比，这种茶在口感上要稍微逊色一些，儿茶素含量却比新茶更高。番茶价格划算，但口感偏涩，适合在饱餐一顿后饮用，以此来促进消化。

什么是茶外茶

不含茶叶的"茶饮"

名字虽然叫作" × × 茶",但原料却不是茶叶,这种茶就是"茶外茶"。

茶外茶中最有代表性的是花草茶,此外,菊花茶、黑豆茶和大麦茶等也属于茶外茶。因为茶外茶中有很多种类都不含咖啡因,非常适合在睡前喝,也不会影响儿童健康。但要注意部分花草茶是孕妇或哺乳期的女士必须忌口的,购买前别忘了咨询店员。

日本人喜欢饮用各种各样的茶外茶,尤其是大麦茶。有些地区还有饮用紫苏叶制成的紫苏茶、柿子叶茶、荞麦茶、薏仁茶的习惯。这些茶外茶也叫"健康茶",自古以来备受人们喜爱。

备受中国、韩国人民喜爱的分别是哪种茶外茶

在中国，茉莉花茶和菊花茶等花茶，以及PART 1中介绍的八宝茶都属于茶外茶。

还有一种茶叫"苦丁茶"。顾名思义，这种茶喝起来非常苦，但它是缓解宿醉症状的"特效药"，喝的人还不少呢。

而在韩国，人们常喝的茶外茶除了玉米茶以外，还有将水果和白砂糖、蜂蜜一起熬煮，兑入热水饮用的柚子茶和五味子茶，以及用高丽参煎制而成的人参茶等。这些饮品都是儒教在韩国流行时产生的，据说当时佛寺里的僧人种植了大量茶叶，政府为了抑制茶叶的生产才开始推广这些茶外茶。

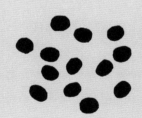

什么是花草茶

疗愈身心的花草茶

花草茶是用各种香草冲泡出来的，所谓"香草"，指的是那些能散发出有益香味的植物。

用香草冲泡而成的花草茶含有维生素、矿物质等多种成分，有着各种各样的功效，自古以来就是人们生活中的日常饮品。花草茶中浓缩的色、香、味能滋养身心，有益健康，甚至还能美容养颜。此外，饮用花草茶还能带来全方位的享受，抚慰我们的心灵。

冲泡花草茶的方法大致可以分成两种：一种是用新鲜香草冲泡的"鲜花草茶"；另一种是用干燥香草冲泡的"干花草茶"。新鲜香草有着独有的鲜美香味，但只能买到当季的香草。而干燥香草随时都能买到，且浓缩了丰富的营养成分，容易萃取，冲泡起来也不费事。

香草的挑选方法

要选择正规的食用香草

市面上有一些用作工艺品原材料的进口香草，这些香草都是不可食用的。购买时一定要挑选那些达到食品卫生标准的香草。

标注了学名的店更靠谱

我们提到香草时一般用的都是它的俗名，但有些种类的香草有好几个名字，在不同的店里，叫法也不一样。有些香草名称相似，实际上却截然不同。因此，建议大家选择那些标注了学名的店铺，确认好种类后再购买。

确认使用部位

即使是同一株香草，花朵、根茎、果实等各个部位的风味和功效也可能存在差异。购买前，要检查包装上有没有标明用的是香草的哪个部位。

香草的保存方法

储存香草时，可以放进密封容器内，置于阴凉处保存。注意避开高温、潮湿和有阳光直射的环境，放入干燥剂一起储存更佳。夏天也可以保存在冰箱里。另外，要记得在容器上标好香草的保质期。

PART 3
每日必喝茶饮清单

本章汇集了生活中的必喝好茶，
包括红茶、青茶、日本茶，还有花草茶。
刚刚打开茶世界大门的你，也能轻松享用！

红茶

本节主要介绍全球各地最基本的红茶品种，

包括中国和日本的红茶。

同一种茶叶，产地和茶园不同，成品的风味和香气也存在差别。

以这份清单为参考，去寻找自己钟爱的那款茶吧！

大吉岭 春摘茶

桑格玛茶园 EX-4 SFTGFOP1 花香（Flowery）
<产地>印度

大吉岭春摘茶属于中国种、无性系[①]茶树，根据采摘时间不同又可以大致分为头春茶和尾春茶。这款大吉岭春摘茶是中国种的头春茶，以芽香和清凉的芬芳为主要特征，融合了微微的吐司味，清爽与醇厚的口感相得益彰。

大吉岭 夏摘茶

西约克茶园 FTGFOP1 麝香葡萄（Muscatel）
<产地>印度

这款茶有着极具代表性的麝香葡萄味，是当之无愧的"茶中香槟"。严格意义上的"麝香葡萄"大吉岭凤毛麟角，它的特色在于甘甜的芬芳，以及在舌尖上翩翩起舞般轻柔爽口的收敛性（也就是涩味）。此外，大吉岭茶还含有花香和坚果香等，香气非常多样。

注：①以树木单株营养体为材料，采用无性繁殖法繁殖的品
　　 种（品系）。

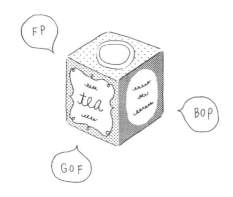

大吉岭 秋摘茶

高帕达拉茶园 FTGFOP1 红闪电（Red
Thunder）

<产地>印度

秋摘茶可以大致分为早秋茶和正秋茶两种。早
秋茶兼有木质香和坚果香，而正秋茶甜味更突
出，口感温和，花香浓郁。高帕达拉茶园是以
秋摘茶见长的茶园之一。

尼泊尔 冬摘茶

月光茶场茶园 喜马拉雅花束（Himalayan
Bouquet）

<产地>尼泊尔

"月光茶场"的建立大大提升了曾经被视为
"山寨大吉岭"的尼泊尔红茶的地位。这款
冬摘茶是该茶园第一批溢价茶之一，2003年
开始投入生产，是尼泊尔红茶中的名品。另
外，只有那些气温较高、较为温暖的年份，茶
树才能在冬季抽芽，所以冬摘茶产量稀少。

157

如何看懂红茶标签

阿萨姆 夏摘茶	茶叶名称
曼加拉姆茶园 TGFOP C1	茶园名称及茶叶等级
<产地>印度	产地
阿萨姆茶区是印度最大的茶区。	概要

阿萨姆 夏摘茶
曼加拉姆茶园 TGFOP C1
<产地>印度

阿萨姆茶区是印度最大的茶区。该茶区历史悠久，英国人罗伯特·布鲁斯在阿萨姆地区发现了当地人种植的阿萨姆种茶树后，在英国的殖民统治下，当地开始了茶叶栽培活动。其中，夏摘茶被视为极品，其优点在于茶味突出，带有淡淡的麦芽香[*1]，茶汤呈诱人的深红色，质感像牛奶一般浓醇。

阿萨姆 CTC BPS
<产地>印度

现在的阿萨姆红茶大部分使用CTC法进行加工处理。"CTC"是"Crush（切碎），Tear（撕裂），Curl（卷曲）"的简写，这样处理是为了使茶叶在冲泡时能迅速释放出大量的有效成分，用这种方法制成的茶叶适合加牛奶冲泡成奶茶。"CTC BPS"是用CTC工艺制成的颗粒较大、较为圆润的茶叶。

＊1 麦芽香指的是如同小麦一般甘甜诱人的香气，也有人称之为"谷物调的香气"。

＊2 金尖（golden tip）指的是红茶茶叶中金色的芽。制作红茶时，若以适当力度用力揉捻芽尖，芽尖会染成金黄色。若揉捻力度较小，芽尖表面则留有闪亮的银色绒毛，这叫作银尖（silver tip）。以前，人们把这两种芽分别叫作橙白毫（OP）和花白毫（FP）。

阿萨姆 夏摘茶

梅林茶园 FTGFOP1 C1特级
<产地>印度

与其他茶区相比，阿萨姆茶区对茶叶的等级划分更加严格。由于有说法称多喝芽尖泡的茶能延年益寿，富含金尖＊2的高级茶叶在中东和欧美地区大受欢迎，价格也较为昂贵。梅林茶园属于优质茶园之一，产出的茶以奢华馥郁的香气为特征。

阿萨姆 春摘茶

那霍哈比茶园 TGFOP1 C1
<产地>印度

阿萨姆红茶也分春摘、秋摘等多种类型。阿萨姆春摘茶由于口感清淡，常用CTC法进行加工处理。但这种茶的茶汤带有花香，余味甘醇绵长。另外，品质较好的阿萨姆秋摘茶还兼具木质香气。

＊3 无性系茶树，简单来说就是品种茶。无性系茶树不需要播种，而是用扦插的方式培育出来的。用这种方法培育出的茶树基因不会产生变化，能保持良种固有的性状特征。

＊4 霜冻风味是一种类似于罗勒的香味，只有那些产自霜冻季节的茶叶才具有这种风味。

尼尔吉里 时令红茶

帕克塞德茶园 CL BOP
<产地>印度

尼尔吉里茶区位于印度南部的高原地带，面积广袤。当地种植的茶树多为柬埔寨种谱系上的无性系茶树＊3，其中特别是名叫C6017的品种，因其具有令人放松的明快花香而广受好评。这种红茶口感顺滑柔和，可以直接冲泡饮用或加奶冲泡成奶茶，也适合做冰红茶。

尼尔吉里 时令红茶

蔻拉昆达茶园 霜茶（FROST TEA）
<产地>印度

知名的蔻拉昆达茶园是世界上海拔最高的红茶茶园，当地的茶树都种植在海拔2000米以上的高原地区。特别是在冬季的1月前后，夜晚气温极低，茶树上结满白霜，此时正是红茶的最佳采摘期。海拔高、温差大的自然环境为出产的茶叶赋予了清凉的香气，也叫霜冻风味＊4。

汀布拉 时令红茶

德斯福德茶园 PEK
<产地>斯里兰卡

在斯里兰卡的七大茶区中，汀布拉也是一个人气很高的茶区。汀布拉红茶一般多用于配制各种各样的拼配茶，特别是2、3月出产的汀布拉茶花香最为浓郁甜美。除了制作拼配茶以外，这个品种还可以直接冲泡或用来冲泡奶茶和冰红茶，非常适合日常饮用。

努沃勒埃利耶 时令红茶

佩德罗茶园 马哈贾斯特塔[①]品质
（Mahagastota quality）PEK1
<产地>斯里兰卡

努沃勒埃利耶地区位于赤道上，海拔2000米左右，该地区四季如春。当地除了生产红茶之外，也是知名的避暑胜地。努沃勒埃利耶红茶通常以"夏草香"闻名，"夏草香"指的是炎炎夏日里，青草在暑气蒸腾下散发出的芳香。但近年来，也出现了一些味似微发酵小白花的红茶。该茶区生产的红茶口感顺滑，用来冲泡冰红茶味道也是一绝。

注：①位于努沃勒埃利耶地区的一处知名茶园。

萨伯勒格穆沃 时令红茶

新维塔纳坎迪茶园 FBOPEXSP
<产地>斯里兰卡

在卢哈纳、萨伯勒格穆沃等斯里兰卡的低海拔红茶产地，有一种名叫"特级精选（extra special）"的红茶，它主要由金尖制成，形似月牙，温润醇厚的风味和麦芽香是它的特征，还有部分特级精选茶带有香蕉口味似的甜香。这种茶也非常适合用来冲泡奶茶。

卢哈纳红茶

BOP
<产地>斯里兰卡

卢哈纳红茶是产自斯里兰卡的低地茶，大多用于制作拼配茶。但也有人认为卢哈纳红茶有着扑鼻的甜香，有点类似紫苏叶的味道，单独冲饮口感顺滑。除了直接冲泡以外，用来冲泡英式奶茶或熬制奶茶也非常美味。

乌沃红茶

BOP

<产地>斯里兰卡

乌沃红茶产自斯里兰卡东部玛瓦特溪谷周边，最佳采摘期出产的乌沃红茶以清新的香气为特征，但在其他采摘期还是以淡雅质朴的口感为主。这款茶可以直接冲泡饮用，也可以用来泡奶茶，与斯里兰卡其他产地的茶叶一样，乌沃红茶更多用于制作拼配茶。

康提红茶

BOP

<产地>斯里兰卡

康提是斯里兰卡的旧都，四周分布着许多红茶茶园。康提红茶的香气微甜中透着清凉，口感甘中带涩，又沁着一股微酸，喝起来十分清爽。这样的口感让康提红茶在直接冲泡、加奶冲泡之余，又多了冰镇饮用这一选项。

武夷金骏眉
<产地>中国

武夷山自古以来种植着用来进贡给历代皇帝的御用贡茶，是中国首屈一指的红茶产区。同时，它也是红茶鼻祖"正山小种"的产地。当地在2005年研制的金骏眉茶，2g茶叶中竟含有600~800颗茶芽，是茶中极品。据说这种茶香气四溢，有着杏子般的甜美果香，能反复冲泡10次以上。

武夷正山小种/拉普山小种
<产地>中国

红茶鼻祖"正山小种"产自武夷山，它可以大致分为两个变种，分别是带着龙眼香气的无烟小种和具有浓烈烟熏味的烟小种。此外，产于武夷山外，足迹遍布全球的"拉普山小种"（"正山小种"的闽南语发音）虽然有着正露丸一般的奇特口味，仍不乏忠实粉丝。

祁门红茶 春摘茶

<产地>中国

红茶爱好者们往往称祁门红茶为"烟香茶",但实际上,饮用品质上佳的祁门红茶,能品尝到兰花的香气和蜜糖的味道。包括祁门红茶在内,大多数中国红茶都能反复冲泡至少两至三次,所以不能用英式茶壶,而要用精致小巧的中式茶壶或盖碗少量多次冲泡,才能品出祁门红茶层次丰富的茶香味。

云南红茶 春摘茶

<产地>中国

云南是茶树的故乡,但云南种植红茶的历史却不长。这款茶属于云南大叶种,甜味非常突出。近年来,中国国内市场上多了许多不同品种的云南红茶。

九曲红梅

<产地>中国

"九区红梅"源出武夷山的九曲，是武夷山茶农移居到了现在的浙江省并开始种植的一种红茶。九曲红梅的产量和出口量都不高，主要在中国国内市场上流通，弘一法师曾赋诗"白玉杯中玛瑙色，红唇舌底梅花香"来形容九曲红梅的茶色和茶香。

广东红茶 鸿雁12号

<产地>中国

广东省英德市周边的茶园长期出产英德红茶。现在的主要品种是英德9号，而鸿雁12号是从铁观音自然杂交后代采用单株育种法培育出来的茶树品种，由于它也适用于加工红茶，近年来产量大幅增加。与鸿雁12号一样，常有不少适制青茶的品种被加工成红茶。

花莲蜜香红茶

<产地>中国台湾

蜜香红茶是一种从根本上颠覆中国台湾地区茶产业的红茶。直到20世纪90年代，说到中国台湾的高档茶，还得是产自高海拔地区的高山乌龙茶，但自从花莲市开发了蜜香红茶这种名贵的低地茶之后，中国台湾各地都开始陆续出产各种各样的蜜香红茶。蜜香、花香、红薯香是蜜香红茶的特征。

日月潭红茶 红玉种

<产地>中国台湾

属全发酵茶，是由大叶种制成的红茶。红玉种是中国台湾地区独立培育出来的新品种，现在成了日月潭茶区出产的主要品种。这个品种的红茶兼具麦芽香与薄荷香，风味独特。

本节中介绍的日本红茶，在茶叶名称下的第二行加注了"品种名 / 生产者姓名"，并在产地一行的括号内加注了县名。

静冈岛田茶 夏摘

红富贵/桃花香 井村典生 制作
<产地>日本（静冈县）

在日本静冈县岛田市周边的茶园，茶农们利用"茶草场农法"进行茶叶栽培。"茶草场农法"是一种传统的种植方法，被列为全球重要农业文化遗产之一。不知道是不是这种方法取得了成效，附近地区出产的红富贵茶中，竟出现了带有桃香的夏摘茶。此外，红富贵这一品种常用于制作红茶，浓郁的花香是它的特征。

静冈磐田茶 夏摘

香骏 铃木英之 制作
<产地>日本（静冈县）

静冈县培育的茶叶品种"香骏"非常特别，它属于煎茶品种，但因为该品种对煎茶而言茶香过于浓厚，注册时曾遭到反对。然而在制作红茶时，浓郁的香气可谓有百利而无一害。轻发酵的香骏红茶能将日本红茶的特点发挥得淋漓尽致，经过深度焙煎后也非常美味。

福冈八女茶 春摘

金谷绿 原岛政司 制作
<产地>日本（福冈县）

"金谷绿"是为了制作煎茶而培育出来的品种，但轻微发酵能让这种茶散发出类似于艾蒿的野草香，摇身一变成为一款口感顺滑的红茶。包括"金谷绿"在内的所有日本红茶都能反复冲泡两三次以上，适合与日式甜点搭配饮用。尽管它产自八女市，但日本九州地区也不乏制作日本红茶的能工巧匠。

熊本芦北茶 夏摘

薮北 梶原敏弘 制作
<产地>日本（熊本县）

"薮北"是日本茶园中最常见的一个品种，但好喝的薮北红茶却很少。在种植煎茶品种的茶田里栽种用于制作红茶的品种，会让红茶染上青草味；用一番茶来制作煎茶、二番茶①来制作红茶，制成的红茶又不够美味。但如果开辟专用的红茶茶田，施用肥料，那就不一样了，这样制成的薮北红茶香气扑鼻、口感丰富有层次。

注：①第二批采摘的茶叶。

169

茨城猿岛茶 夏摘

奥绿 花水理夫 制作

<产地>日本（茨城县）

"奥绿"这个品种出现较晚，适用于制作绿茶。该品种与"金谷绿"一样，有着类似于艾蒿的野草香，经过精心焙煎，"奥绿"便成了清凉感、甜味与层次兼具的上品日本红茶。仿佛在舌尖上跳舞一般高雅的涩味是这款茶的特点，茶汤口感也十分细腻柔和。

茨城猿岛茶 夏摘

泉 吉田正浩 制作

<产地>日本（茨城县）

"泉"这个品种注册于1960年，原用来制作釜炒茶，但由于该品种制成的红茶和乌龙茶也非常美味，近年来再次受到了人们的关注。这款茶带有微微的桃子香，无论什么时候采摘，都能做出上品的红茶。位于日本茨城县的猿岛市是近年来备受瞩目的日本红茶产区，在当地出产的红茶中，"泉"也是备受欢迎的品种之一。

宫崎五濑茶 春摘

南爽 宫崎亮 制作
<产地>日本（宫崎县）

"南爽"这个品种的茶叶带有牛奶般的甜香，口感柔滑，因而深受女性喜爱。这款茶产自日本宫崎县，原用于制作釜炒茶，但制成的红茶质量好，且茶树对病虫害具有很强的抗性，适合有机栽培。在宫崎县，茶农们热衷于用当地特有的茶叶品种来制作红茶，"南爽红茶"就是其中之一。

奈良月濑茶 春摘

原生种 岩田文明 制作
<产地>日本（奈良县）

在位于日本奈良县的月濑地区，为挽救因人口稀少、老龄化严重而濒于荒废的茶园及当地景点，当地茶农产生了独特的茶叶种植理念。月濑地区栽种的都是些经济效益不高，但对病虫害抗性强、不必过多打理的古茶树，这些茶树也因此再次得到了重视，得以在有机茶叶的种植中崭露头角。

绿茶、黑茶、青茶、白茶、花茶

产自中国大陆和中国台湾地区的茶叶，
其丰富的种类令人惊叹不已。
本节将介绍红茶以外的各类茶叶，
让我们尽情尝试各种各样的好茶吧！

龙井

<产地>浙江省杭州市

中国茶叶有着成百上千个品种，其中家喻户晓、首屈一指的名茶莫过于"龙井"。龙井茶原产于浙江省杭州市西湖附近，因而西湖龙井在龙井茶中有着难以撼动的地位。除了高级绿茶所特有的清凉柔和的茶香以外，龙井还兼有一种类似炒板栗的香气，叫作"板栗香"。

六安瓜片

<产地>安徽省六安市

六安瓜片是中国十大名茶之一，因干燥处理后茶叶状似瓜子而得名。这种茶虽然属于绿茶，但与普通绿茶不同，是用特别挑选的长到一定大小的茶叶叶片制成。六安瓜片色泽墨绿、香气清爽、层次丰富，能反复多次冲泡。

安吉白茶

<产地>浙江省湖州市安吉县

安吉白茶之所以被叫作"白茶"，是因为茶叶颜色偏白，其实它属于绿茶。受品种特征限制，这种茶只有在叶子变白的7~10天内可以采摘，产量十分稀少。安吉白茶的产地安吉县具备了能培育出优质茶叶的所有条件。

黄山毛峰

<产地>安徽省黄山市

安徽省出产了为数众多的优质绿茶，黄山毛峰是其中最知名的一个品种。安徽黄山荣登世界遗产、世界地质公园名录，拥有得天独厚的自然条件，为茶叶的生长提供了极为优越的环境。这款茶此前长期被叫作"云雾茶"，直到1985年前后才改名为"黄山毛峰"。

普洱熟饼茶

<产地>云南省西双版纳州

这个品种在普洱茶中被称为 "熟茶"，和经过微生物发酵制成的黑茶有所区别。紧压制成圆盘状的茶叶叫 "饼茶"，这种茶适合进行长期陈化，随着时光流逝逐渐生出木质调的陈香[*1]，每年都能品尝到不一样的风味。

普洱散茶

<产地>云南省西双版纳州

这款茶也是经过微生物发酵处理的 "熟普洱茶"。未经压制，一片片散开的叫 "散茶"。市面上有各种各样的普洱茶，对初次尝试的人来说，用这款茶来入门是最合适不过的。普洱散茶口味温和，浓厚但不刺激。

＊1 陈香指的是茶叶制成后，经过一段时间的放置所产生的香气。

普洱小砖茶

<产地>云南省西双版纳州

普洱小砖茶就是压制成砖形小块的熟普洱茶，每一块都包着精致的包装纸，看上去很像一口一个的巧克力。这种茶口味清爽而不失层次，口感刺激却又不失温润醇厚，是一款风味高雅的普洱茶。

君山银针

<产地>湖南省岳阳县君山

黄茶是经过闷黄＊2工艺处理的茶叶，君山银针是黄茶的一大代表。这个品种只用茶树嫩芽制成，因带有银色绒毛、形似针状而得名"银针"。如果用耐高温玻璃杯进行冲泡，能欣赏到茶叶像刀子一样立着，在杯中上下浮动的奇景。君山银针产量稀少，是一种稀有茶。

白毫银针

<产地>福建省福鼎市/政和县

白毫银针是一款高档茶，茶如其名，只用覆盖着银色绒毛、笔直如针的嫩芽制成。茶叶都有抗氧化的作用，但包括白毫银针在内的白茶类的抗氧化作用尤为突出。受产地限制，这个品种产量稀少，也属于稀有茶之一。

白牡丹

<产地>福建省福鼎市/政和县

白牡丹是一种经过长期"放置"制成的白茶。这个品种不经过揉捻处理，成品保持着自然萎凋后蓬松柔软的形状，如同盛放的牡丹，因此得名"白牡丹"。

凤凰单枞 蜜兰香

<产地>广东省潮州市潮安县凤凰镇

凤凰单枞是青茶的一种，以浓郁的花香和果香为特征。目前市面上有八十多种凤凰单枞，蜜兰香是凤凰单枞十大传统香型之一，是很受欢迎的一个品种。这款茶初入口时芳醇无比，后味带着沁人心脾的收敛性（也就是涩味），令整体口感趋于含蓄。

岭头单枞

<产地>广东省潮州市镜平县岭头村

岭头单枞是广东省的代表青茶之一。这个品种原为突变种，被发现后，因为品质优良、易于栽种，短时间内种植面积便大大增加，1986年被选为中国名茶之一。岭头单枞具有宛如麝香葡萄一般的馥郁果香，与令人心旷神怡的微涩相结合，绝妙地平衡了茶的味道。

武夷岩茶 大红袍

<产地>福建省南平市武夷山

岩茶＊³是青茶的一种，关于这种茶有着许许多多的传说。目前市面上有超过八百种岩茶，其中大红袍、铁罗汉、白鸡冠、水金龟这4个品种在知名度和品质方面都出类拔萃，被称为"四大名枞"。而大红袍因其突出的品质雄踞四大名枞之首。

武夷岩茶 肉桂

<产地>福建省南平市武夷山

肉桂是近年来最受欢迎的一款岩茶。武夷肉桂有着百年以上的历史，但直到20世纪50年代才开始出现在公众视野中。现在，肉桂是岩茶中栽培面积最广的品种之一。

安溪祥华铁观音

<产地>福建省安溪县祥华乡

这款茶的产地位于福建省安溪县，安溪是青茶的发祥地之一。当地有许多茶叶品种，但论质论量，铁观音一直稳居第一，没有其他哪种茶能赶得上。铁观音有着类似兰花的香气，滋味浓厚，这种被称为"音韵"的风味令无数人为之痴迷。

黄金桂

<产地>福建省安溪县虎丘镇罗岩村

这个品种的茶叶香气十分突出、馥郁华贵，因为茶香浓郁仿佛能直达天际，又有"透天香"这个别名。福建省安溪县是铁观音的产地，其他茶叶在铁观音的光环笼罩下都显得暗淡无光，但黄金桂凭借其优异的品质在这些茶叶中脱颖而出。黄金桂因茶汤呈金黄色，茶香似桂花而得名。

梨山高山茶

<产地>中国台湾南投县仁爱乡梨山

台湾地区出产的青茶中，产自海拔1000米以上高原地区的茶被称为"高山茶"，而梨山茶的茶园海拔竟高达2300米左右。高原特有的土壤、浓雾和昼夜温差孕育出了芳香四溢、甘美可口的茶叶。

文山包种茶

<产地>中国台湾新北氏坪林区

这款茶原产于台北郊外，大约二百年前，茶树和制茶技术从福建传入台湾地区，新北氏坪林区便是当时的第一批茶区之一。台湾地区出产的青茶大多揉捻成瓷实的球形，只有包种茶保持着细长的形状。包种茶因其甜美的花香和清爽的口感广受好评。

冻顶乌龙茶

<产地>中国台湾南投县鹿谷乡

在大约二百年以前，茶树和制茶技术从福建被
带到了台湾地区，最早开始茶叶种植的区域中
就包括冻顶山。冻顶乌龙茶是台湾地区历史最
悠久的茶叶品种之一。如今，关于该品种的名
称有好几种说法，"冻顶"的含义不再局限
于产地，但人们依然沿用这一名称，证明了
"冻顶乌龙"拥有强大的品牌力量。

四季春茶

<产地>中国台湾各地

四季春茶一年最多能采摘7次，据说因为它一
年四季都能产茶，所以得名四季春。这个品
种对环境适应力强，对病虫害抗性也强，易
于栽培，且具有花香浓、涩味淡的特征。因
此，四季春茶得到大面积栽培，产量也大大
提高，品质优良、价格却很实惠，是一款价
廉物美的青茶。

金萱茶

<产地>中国台湾各地

金萱茶属于青茶的一种，是由台湾茶叶改良场＊4花费约四十年时间培育而成的品种，20世纪80年代被认定为"台茶12号"后，才有了"金萱"这个品种名。在台湾地区的茶铺里，有时也将其俗称为"27仔"。金萱茶茶叶大而肥厚，有着牛奶般的甜香，但桂花香是它最大的特征。

木栅铁观音

<产地>中国台湾台北市文山区木栅

木栅铁观音是一款产自台北市近郊木栅地区的青茶，继承了约一百五十年前从福建省安溪县传入的茶叶制作工艺并沿用至今，深度焙煎是这种茶的特色。在原产地安溪县，铁观音只能用专用品种的茶叶来制作；而在台湾地区，则规定只有使用传统制法制成的茶叶才能叫铁观音。

东方美人

<产地>中国台湾桃园市/新竹县/苗栗县

东方美人是台湾地区的特产青茶。这种茶有着
独特的浓郁果香，又叫"蜜香"。这种香味来
自浮尘子，浮尘子本来是茶树的害虫，但被它
们叮咬、吸食过的茶叶经特殊技术处理，就能
制成稀有的"东方美人"。这种茶受虫子出没
的地区限制，产地的范围十分有限。

龙珠花茶

<产地>福建省东北部

让茶叶吸收鲜花香味制成的茶叫作花茶，就中
国茶而言，茉莉花茶在花茶中占据着绝对的优
势地位。花茶有各种各样的形状，龙珠花茶经
揉制后呈球形，表面上醒目的白色物质是茶叶
上的绒毛，叫作"白毫"。出现白毫，证明这
批茶是用良种茶树的嫩芽和叶片制成的。

日本绿茶

本节将为您介绍产自日本各地的各类绿茶。
包括煎茶、玉露，以及冠茶、焙茶等，应有尽有。
试着找到适合自己口味的那一款绿茶吧！

本山茶

\<产地\>日本静冈县

本山茶是一款堪称静冈绿茶鼻祖的煎茶。安倍
川及其支流流经静冈市，这款茶就产自河流沿
岸的山谷地区，当地的茶叶栽培始于镰仓时
代，是静冈的第一个茶区。本山茶以香气清爽
为特征，是一款普通蒸煎茶。

川根茶

\<产地\>日本静冈县

川根茶产于日本大井川流域被赤石山脉所包
围的地区。这款茶拥有四百年以上的历史，昼
夜温差和河川缭绕的云雾孕育出了美味的茶
叶。川根茶香气浓郁、汤色澄澈，多用于制作
普通蒸煎茶。

＊1 红富贵原是为制作红茶而培育出来的品种。用这种茶叶制成的绿茶含有丰富的营养成分，在治疗花粉过敏症等方面效果显著。

雾岛茶

<产地>日本鹿儿岛县

雾岛茶是产自雾岛山脉的普通蒸煎茶，这款绿茶香气澄净清新，口感鲜美甘醇，汤色翠绿，口感平衡度好。据说日本的鹿儿岛县从八百年前就开始栽培茶叶，但直到明治时代才正式开始商业化种植。

德之岛茶

<产地>日本鹿儿岛县

德之岛位于日本鹿儿岛县西南部，靠近奄美群岛的中央地区。第二次世界大战前，当地已经开始进行茶叶栽培，但因战争爆发而一度中断。直到十几年前才又正式开始种植茶叶。当地茶农充分发挥南部地区的气候优势，培育出了"红富贵＊1"等对健康有益的茶叶品种。

如何看懂日本绿茶标签

都城茶

<产地>日本宫崎县

宫崎县有着得天独厚的气候和土壤条件，利于……

茶叶名称（一般名称而非品种名。按茶种①分类介绍日本各地的代表茶。）

产地

概要

都城茶

<产地>日本宫崎县

宫崎县有着得天独厚的气候和土壤条件，利于茶树栽培，是日本数一数二的茶叶产地。因为当地的气候和地形都与京都宇治地区相似，曾有一名来自岛津藩②的藩医在宇治自学了茶叶栽培和制作的方法，并把这一方法带回了宫崎。都城茶汤色鲜亮，口感鲜美且富有层次。

朝宫茶

<产地>日本滋贺县

朝宫茶的产地位于日本滋贺县与京都县的交界处，有着一千二百年以上的悠久历史，是日本最古老的茶，也是日本五大名茶*2之一，拥有很高的知名度。这种茶使用传统工艺制成，以温润的口感、高雅的甘甜和清凉的芳香为特征，是值得一试的好茶。

注：①按照茶叶的栽培方法、采摘时期、制作工艺等进行的分类，如煎茶、粉茶、釜炒茶等。
②也叫萨摩藩。"藩"是日本江户时代大名的领地，岛津藩的领土范围包括现在的鹿儿岛县和宫崎县西南部。

＊2 狭山茶、宇治茶、川根茶、本山茶和朝宫茶被誉为日本的五大名茶。

大和茶

<产地>日本奈良县

大和茶产自日本奈良县东北部的高原地区，凭借当地优渥的气候和地形条件培育出了鲜美可口的茶叶。相传弘法大师入唐后回到日本将中国的茶叶栽培技术带到了该地区，当地人将从中国带回来的茶树种子播撒在土地上，由此开始了茶叶种植。

白川茶

<产地>日本岐阜县

日本江户时代，岐阜县正式开始了茶叶栽培，白川茶就产自飞驒川支流沿岸的山地。河上的云雾以及酸性红土为种植茶叶提供了适宜的环境，孕育出了香气扑鼻的白川茶。因为产量稀少，白川茶被奉为知名的高档茶。

＊3 深蒸煎茶蒸制的时间要比普通蒸煎茶更长，大约是蒸制普通蒸煎茶的 2~3 倍。深蒸煎茶的茶叶更细碎，汤色更浓，容易煮出味。

＊4 将割来的芒草堆在茶树根部当作有机肥料的种植方法。这种方法被列为全球重要的农业文化遗产之一。

挂川茶

<产地>日本静冈县

挂川茶多为深蒸煎茶＊3，被誉为"深蒸煎茶的鼻祖"。以前，为了让苦味厚重的茶叶变得柔和适口，人们发明了深蒸工艺。挂川茶之所以有名，还因为它继承了茶草场农法＊4这一传统栽培方法。

牧之原茶

<产地>日本静冈县

静冈县是日本数一数二的茶叶产地，从明治初期就开始进行茶叶栽培。因为明治维新而被迫失业的武士们丢掉了手中的刀剑，在牧之原台地开垦了一片茶田。历经无数的汗水与失败，牧之原成了日本茶叶的主要产地之一，芳醇的香气和温润的口感是牧之原茶的特征。

知览茶

<产地>日本鹿儿岛县

鹿儿岛县气候温暖，每年四月上旬就能品尝到当季的新茶，是日本知名的茶叶产地。据说镰仓时代，武士家族平家在权力斗争中败给了对手后逃亡到鹿儿岛，并把茶叶栽培的技术也带到了当地。过去，这种茶曾被叫作"川边茶""颖娃茶"，直到2017年才统称为"知览茶"。

狭山茶

<产地>日本琦玉县

狭山茶产自埼玉县的入间市、狭山市、所泽市等地，以香浓醇厚的风味而闻名。这款茶的特征在于使用名叫"狭山火入"的方法进行干燥处理，只有多肉肥厚的茶叶焙煎时才能用大火，正是这个方法赋予了狭山茶独特的风味。狭山茶在关东地区也很受欢迎。

五濑茶

<产地>日本宫崎县

日本出产的绿茶大部分是蒸出来的，而用"釜炒"这一传统方法制成的绿茶就叫釜炒茶。五濑地区自古以来生长着野生的山茶＊5，釜炒茶也因此得以流传至今。清爽的香气和口感是这款茶的特征。

高千穗茶

<产地>日本宫崎县

高千穗茶是15世纪从中国传入日本的一种釜炒茶，现在仅有九州的部分地区还在生产，是一种非常珍贵的茶。这种茶是用老式的直火式釜炒制成的，有着独特的焦香味道。诱人的金色茶汤与柔和温润的口感很受欢迎。

＊6 蒸制玉绿茶的特别之处在于茶叶形状类似勾玉，所以也被叫作"古力茶"，意思是圆圆弯弯的茶叶。大正时代，日本政府为了出口茶叶，便仿照釜炒茶做出了蒸制玉绿茶。

嬉野茶

<产地>日本佐贺县

釜炒茶从中国传入日本时，来到了佐贺县的嬉野地区。五百多年来，当地茶农始终遵循习俗，用传统制法来制作茶叶。因为产量稀少，独一无二的嬉野茶至今仍受到人们的喜爱。此外，佐贺县也盛产蒸制玉绿茶＊6。

彼杵茶

<产地>日本长崎县

彼杵茶生长在大村湾沿岸的梯田地带，大村湾是长崎县的代表茶区。这种茶主要用于制作蒸制玉绿茶，有时也被加工成釜炒茶。采摘前当地茶农会对茶树进行养护，避免阳光直射，这样才能生产出有着高雅口感和芳香的茶叶。

阿波番茶

\<产地\>日本德岛县

阿波番茶产自德岛县的山地，自古以来备受当地人喜爱。与其他番茶不同，这种茶是用一番茶，也就是第一批采摘的新茶制成的。到了夏季茶叶成熟时，茶农才将它们采摘下来，因此也叫"晚茶"。阿波番茶是乳酸菌发酵制成的，咖啡因含量较低，也是一款备受欢迎的健康茶。

美作番茶

\<产地\>日本冈山县

冈山县从江户时代就开始了茶叶栽培，曾生产过煎茶，但如今以番茶闻名。将茶叶连枝割下，蒸煮之后晒干制成的就是美作番茶，香浓的风味是这款茶的特征。除了传统泡法以外，还可以用铁壶熬煮饮用。

宇治茶

<产地>日本京都府

宇治自古以来是日本茶叶的主要产地之一，知名度很高。当地茶农发明了一种制茶法，在用火烤干茶叶的同时进行手工揉捻，以此法制成的就是煎茶。当地主要生产用于制作抹茶的碾茶和玉露，熟成的甘甜是这些茶的特色。

八女茶

<产地>日本福冈县

福冈地区是培育好茶的宝地，据说在15世纪中国僧侣将茶叶栽培的方法传到日本后，当地便开始种植茶叶。福冈县主要生产煎茶，山区则种植玉露，茶叶产量在全国名列前茅。焙煎的香气和浓郁的鲜味是八女茶的特征。

伊势茶

<产地>日本三重县

三重县是继静冈县、鹿儿岛县之后日本第三大茶叶产地。县内各地出产了多种多样的茶叶，我们把它们统称作"伊势茶"。其中，产自三重县北部的冠茶知名度很高，高雅微甜的口感是这款茶的特色。

熊本茶

<产地>日本熊本县

日本的熊本县以茶叶闻名，县内各地都设有茶园。当地茶叶种类丰富，人们把它们统称为"熊本茶"。熊本茶多为蒸制玉绿茶，但近年来也开始生产高级冠茶。

加贺茶

<产地>日本石川县

加贺茶也叫加贺棒茶，用茶叶的茎制成。江户时代是茶叶生产的繁盛期，到了明治时代中期，人们开始将以往弃之不用、不如二番茶的茎梗用来制茶。茶叶梗经过大火焙烤后制成的茶芳香四溢，口感醇厚。

静冈茶

<产地>日本静冈县

静冈是日本的代表茶区。静冈茶就是将高级煎茶用大火炒制而成的焙茶，焙茶特有的浓香与清爽的风味是它的特色所在。这款茶咖啡因含量低，儿童也可以放心饮用。

花草茶

本节将为各位介绍口味大众、价格实惠的花草茶。

可以将几种花草茶进行拼配，搭配红茶或绿茶冲泡也别有一番风味！

接骨木花

在欧洲，尤其是在英国，人们自古以来有着在家中种植、食用接骨木花的传统，并将其视为辟邪的灵药。接骨木花含有类黄酮及酚酸，能促进人体排汗，适合在气温变化大，容易生病的初春或初秋饮用。此外，饮用这款花草茶还能缓解花粉过敏症及过敏性鼻炎，还有利尿的功效。

绿豆蔻

绿豆蔻有着清爽辛辣的香味，被誉为"香料女王"。用绿豆蔻冲泡的花草茶能促进消化，适合在餐后，特别是吃撑了的时候饮用。直接将整个果实放进口中咀嚼，有清新口气、预防口臭的效果。

肉桂

我们在制作糕点和菜肴时也经常用到肉桂。肉桂茶有一种独特的辛辣风味，能促进血液循环，让全身温暖起来，适合在初感风寒或身体冰冷时饮用，也适用于缓解消化系统方面的问题，如食欲不振或消化不良等。用少量肉桂与其他茶进行拼配，就能喝上一杯热辣辣、暖洋洋的肉桂茶。

德国洋甘菊

早在公元前，人们就开始栽培洋甘菊并用于入药。洋甘菊有类似苹果的果香，口味温和。它有舒缓镇静的功效，能安抚烦躁、紧张的情绪。此外，洋甘菊还能用来治疗胃部不适或畏寒，是一款适合居家常备的香草，与薄荷等其他香草搭配饮用风味更佳！

生姜

在中国、日本等亚洲国家，人们做菜时往往会用到生姜，生姜最大的特征就在于火辣辣的味道。饮用生姜泡的茶，能促进血液循环，让身体暖和起来。冬天，有很多人会喝姜茶来抵御寒冷。此外，姜茶对胃胀、反胃等肠胃问题也有一定功效。拼配时不必放太多，只需一小撮就能发挥巨大的力量。

蒲公英根

蒲公英根是用西洋蒲公英的根部制成的香草，人们自古就有将西洋蒲公英带花一起做成沙拉食用的习惯。中医将它的根入药，药名就叫"蒲公英"。蒲公英根炒后会散发出香味，可以用来冲泡不含咖啡因的"蒲公英咖啡"。另外，蒲公英根茶还有排毒的作用，能通便、去水肿，令皮肤变得光洁细腻。

木槿花

木槿花通常开白花或粉花，用它的花萼部分制成的就是木槿花茶。据说埃及艳后也爱喝木槿花茶，强烈的酸味和诱人的绯红色茶汤是它的特征。这种花中含有柠檬酸，能提高新陈代谢，消除疲劳；还含有钾元素，对去水肿也很有效果。木槿花与富含维生素C的玫瑰果一起冲泡，就是美容养颜的圣品——木槿玫瑰果茶。

茴香

据说早在古希腊时期，人们就开始食用茴香。现在我们做菜或做糕点时也常加入茴香进行调味，特别是和鱼类搭配食用时滋味绝妙。中医也将茴香用来入药，茴香有助于排出肠道积气，促进消化。此外，它还有祛痰的作用，适合喉咙不适的人群饮用。在吃得太撑，身体沉重不爽时，不妨来一杯茴香茶吧！

关于拼配

冲泡花草茶时，可以只用一种香草，也可以把好几种香草拼配起来饮用。按照自己的需要进行拼配，各种香草的功效相辅相成，会产生事半功倍的效果！此外，拼配还能让花草茶的口味更加丰富，既能全方位享用好茶，又有益于身心健康。

蓝锦葵

蓝锦葵能开出鲜艳的蓝花，用它泡的茶呈紫色，十分美丽诱人。在蓝锦葵茶中滴入柠檬汁还能让茶水变粉，趣味十足。这款茶香气柔和、风味淡雅，且含有丰富的黏液质和单宁，能治疗喉咙痛及咳嗽，适合在喉咙发痒或疼痛时饮用。

薄荷

在古希腊、古罗马时代，薄荷被广泛用于各个领域，如治疗消化不良、食欲不振、胃痛等，为大众所熟知的清爽香气和清凉的口感是它的特征。薄荷有着清新的风味，同时兼具赋予身心活力的活化作用和舒缓神经的镇静作用，适合在餐后或转换心情时冲泡饮用。

桑叶

日本人钟爱桑叶，镰仓时代的著作《吃茶养生记》中也有相关记载。桑叶中含有钙、铁等矿物质元素，有着各种各样的功效。爱吃甜食的人以及想要养成良好生活习惯的人不妨试试这款桑叶茶。

薰衣草

令人心旷神怡的柔和香气是薰衣草的特征。除了用于制作花草茶以外，它也是香薰和美妆产品偏爱的一种香草。薰衣草有镇静作用，对缓解紧张、烦躁和不安等情绪具有非常显著的效果。情绪不安或失眠的时候，喝点薰衣草茶吧！

柠檬香茅

柠檬香茅有类似柠檬的清香，属于禾本科植物。泰式料理冬阴功汤中也添加了柠檬香茅。在拼配花草茶时放点柠檬香茅，更容易把控风味。餐后喝一杯柠檬香茅茶不仅能促进消化，还能让身体和心灵重获新生。

柠檬薄荷

柠檬薄荷能缓解紧张、不安等情绪。结束了一周的学习或工作，周末想好好放松一下时，来杯柠檬薄荷茶准没错。这款茶虽然有与柠檬相似的清香，但不酸不涩，充满自然风味。建议搭配薄荷或柠檬香茅一起饮用。

每天饮用花草茶时，请详细阅读说明书中的注意事项，以免造成身体不适。此外，若处于孕期或正在服药，请咨询医生后再饮用。

玫瑰花茶

玫瑰花茶有浓郁、甜美而优雅的芬芳，能让紧绷的神经得到放松。想要转换心情或缓解紧张的情绪时，可以把玫瑰花茶当作"放松茶"。此外，玫瑰花还有收敛效果，也常作为护肤品添加剂使用。玫瑰花茶分为粉玫瑰花茶和红玫瑰花茶，粉玫瑰花茶的风味更加柔和。

玫瑰果茶

玫瑰果形似橄榄球，含有丰富的维生素C，其维生素C的含量是柠檬的20~40倍，被称作"维生素C炸弹"。玫瑰果茶是疲劳或发烧时补充维生素C的首选，对便秘也有一定的疗效。此外，饮用玫瑰果茶还能美容养颜。如果感觉最近皮肤变粗糙了，就来杯玫瑰果茶吧！

图片素材来源

p.2：@spaxiax/shutterstock.com
p.4：@Brent Hofacker/shutterstock.com
p.14：@Antonina Vlasova/shutterstock.com
p.15：@Timothy Christianto/shutterstock.com
p.22：@https://youcha.com
p.24~27：@https://ww.mercure.jp
p.19：@jokerpro/shutterstock.com
p.28：@Sergio Sallovitz/shutterstock.com
p.31：@Jo millington/shutterstock.com
p.35：@T photography/shutterstock.com
p.36：@Olga Pinegina/shutterstock.com
p.37：@Karol Kostialova/shutterstock.com
p.44~47：@https://teatrico.jp
p.54：@http://www.gclef.co.jp
p.56：@http://oitea-lab.shop
p.66~69：@https://www.cha-irie.com/recipe
p.196~203：@ 花草茶专卖店 enherb
p.172~183：@https://youcha.com

审订

p.52~55：@ 花草茶专卖店 enherb
p.88~95：@ Tea Market G clef
p.96~117：@Tea Market G clef、游茶、心向树
p.114~117：@Tea Market G clef
p.120~127：@Tea Market G clef
p.148~153：@ 花草茶专卖店 enherb
p.156~171：@Tea Market G clef
p.172~183：@ 游茶
p.184~195：@ 心向树

※ 本书刊载之信息截至 2019 年 4 月。相关信息、网址等可能发生变化。
※ 本书刊载之照片素材均为特定条件下拍摄而成，仅供参考。
※ 本书刊载之公司名称、商品名称均为各公司商标以及注册商标，侵权必究。

插画师：牛久保雅美
摄影师：安井真喜子
照片协助：TEAtriCO

图书在版编目（CIP）数据

爱上茶 / 日本翔泳社 著；游凝译. -- 南京：江苏
凤凰文艺出版社，2022.3
ISBN 978-7-5594-6622-8

Ⅰ.①爱… Ⅱ.①日… ②游… Ⅲ.①茶文化 – 世界
Ⅳ.①TS971.21

中国版本图书馆CIP数据核字(2022)第029728号
- -

版权局著作权登记号：图字 10-2021-183

暮らしの図鑑 お茶の時間
(Kurashi no Zukan Ocha no Jikan : 6029-0)
© 2019 by SHOEISHA Co.,Ltd.
Original Japanese edition published by SHOEISHA Co.,Ltd.
Simplified Chinese Character translation rights arranged with SHOEISHA Co., Ltd.
through FORTUNA Co., Ltd.
Simplified Chinese Character translation copyright © 2022 by Beijing Fast Reading
Culture Media Co. Ltd

爱上茶

日本翔泳社 著　　游凝 译

责任编辑　　王昕宁

特约编辑　　周晓晗

责任印制　　刘　巍

出版发行　　江苏凤凰文艺出版社

　　　　　　南京市中央路165号，邮编：210009

网　　址　　http:// www.jswenyi.com

印　　刷　　天津联城印刷有限公司

开　　本　　880毫米×1230毫米　1/32

印　　张　　7

字　　数　　100千字

版　　次　　2022年3月第1版

印　　次　　2022年3月第1次印刷

书　　号　　ISBN 978-7-5594-6622-8

定　　价　　52.00元

快读 · 慢活®

　　从出生到少女，到女人，再到成为妈妈，养育下一代，女性在每一个重要时期都需要知识、勇气与独立思考的能力。

　　"快读·慢活®"致力于陪伴女性终身成长，帮助新一代中国女性成长为更好的自己。从生活到职场，从美容护肤、运动健康到育儿、家庭教育、婚姻等各个维度，为中国女性提供全方位的知识支持，让生活更有趣，让育儿更轻松，让家庭生活更美好。